INSTANT ANSWERS 系列手册

铺地施工速查手册

[美] 史蒂文·布考斯基　著
常好诵　　张美琦　译
郭永重　　邱元品　校

中国建筑工业出版社

著作权合同登记图字：01－2006－4927 号

图书在版编目（CIP）数据

铺地施工速查手册/（美）布考斯基著；常好诵等译.
北京：中国建筑工业出版社，2006
（INSTANT ANSWERS 系列手册）
ISBN 978－7－112－08726－6

Ⅰ. 铺…　Ⅱ. ①布…②常…　Ⅲ. 地面工程－工程
施工－技术手册　Ⅳ. TU767－62

中国版本图书馆 CIP 数据核字（2006）第 121511 号

责任编辑：丁洪良　率　琦　程素荣
责任设计：郑秋菊
责任校对：邵鸣军　王金珠

INSTANT ANSWERS 系列手册
铺地施工速查手册
［美］史蒂文·布考斯基　著
　　　常好诵　　张美琦　译
　　　郭永重　　邱元品　校
*
中国建筑工业出版社出版、发行（北京西郊百万庄）
新　华　书　店　经　销
北京嘉泰利德公司制版
北京建筑工业印刷厂印刷
*
开本：850×1168 毫米　1/32　印张：8½　字数：235 千字
2007 年 5 月第一版　2007 年 5 月第一次印刷
定价：**30.00** 元
ISBN 978－7－112－08726－6
（15390）

本社网址：http：//www.cabp.com.cn
网上书店：http：//www.china-building.com.cn

目　录

绪　论

本书主要介绍地板的铺设，包括各种各样的地板：从硬木到大理石，从地毯到弹性乙烯地板和其他一些或许不曾想到的产品。作者从系统、专业的角度，介绍了如何铺设地板、使用什么工具以及铺设地板过程中所必需的小窍门。在详细接触每一种地板的实际铺设之前，先来简要了解一下各种地板。

弹性乙烯地板

弹性乙烯地板生产规格灵活，它可以制成幅宽 6 ~ 12ft 的大卷材产品。这种地板通常粘贴在垫层上，或 12in 见方自粘式块材上。这种地板样式繁多、色彩丰富，表面通常有细微的纹理。

弹性乙烯地板砖是最便宜的铺地材料，它美观、经久耐用，通常被用在厨房和卫生间

瓷砖

全世界的天然石砖（片）均通过石材开采和切割而成，而普通瓷砖通常采用烘烤黏土制成。质量最好的瓷砖出自意大利。陶瓷是一种非常耐磨的材料，颜色丰富多彩、形状各异、尺寸灵活。由板岩、花岗石和大理石制成的砖片属天然石砖类。

瓷砖是卫生间和厨房地板的很好选择，它易于打理，外观清洁简单

大理石砖观感高雅，价格较高，较适宜用于庄重的环境

硬木地板

硬木地板包含实木地板、胶合木、碾压板、镶嵌木板等。最常用的木材是枫木和橡木。大部分硬木地板带有企口构造，以便

并排放置时能够锁在一起并使缝隙最小；复合木地板通常采用压缩木材作为底面，上面再粘贴胶合薄板。

硬木地板由枫木和橡木制成，这种地板能增加温暖和舒适的感觉

地毯

地毯由柔软纤维制成，背面粘合网状材料。地毯通常被制成幅宽 12ft 的卷材，并能够经过缝合得到更宽的幅面。地毯的颜色丰富，并能定做成特定的颜色和形状以满足房间的装饰之用。

短绒地毯给人以现代和庄重的感觉，并且吸声效果较好

地毯分为两种：绒面和切面，绒面给人织物的质感，而切面地毯设计使人有坚实和实体的感觉。

当你开始考虑铺新地板时，在今天的市场上有一系列的材料可以帮助你决定各种地板的相似和不同之处。

在今天的市场上，由于目的、价格和质量等的不同，地板的选择有很大的余地，选择新地板应考虑如下因素：

· 安全性　　· 噪声水平　　· 耐磨性

· 维护　　· 舒适性　　· 价位和人工费

安全性

当刚开始考虑要在什么地方铺设地板时，就应该考虑安全问题。将合适的地板放到合适的地方，使它能够发挥最大的效用，创造一个可以安全办公或是放心休闲的地方，比如：你在卫生间采用乙烯地板而不是地毯，因为那里总是不时有水在地板上积聚，乙烯地板比较容易清理，并且耐水性较好，而地毯之所以是一个比较糟的选择，是因为它吸水，每次潮湿后若不及时彻底地干燥，真菌容易在垫层和地板之间聚集生长。

在盥洗室和厨房采用大理石砖，当地面弄湿后有容易滑倒的危险，乙烯地板是一个比较好的选择，它表面设计有细微的纹理，可以增大摩擦。

耐磨性

考虑到磨损，地板材料的选择应与预期的用途相结合。无论是大而繁忙的起居室还是有固定人流的办公室，最耐磨的地板都是一个比较好的选择。大多数家庭选择地毯，地毯应和不轻于6lb的衬垫一同铺设，这样就可以通过衬垫在地毯和地面之间增加缓冲来提高其耐磨性。

尽管现在的潮流倾向于使用硬木地板，但铺地毯的地面在被弄脏和受到鞋子、家具磨损后更容易维护，大部分地毯已在纤维内包含抗污成分，并可以 1 周吸尘一次，6 个月清理一次；然而硬木地板磨损或弄脏后，即使已经修补清洁，也能从表面看出损坏的痕迹。大部分复合地板仍然比较容易磨损，并且为延长其寿命需要每天打扫或拖擦。

舒适性

房间的舒适和美观大概是铺设新地板的最重要的理由，因此应慎重选择。地板的颜色是影响舒适的因素，在铺设地板前应观察一下已有家具和墙面的颜色，如果新地板铺设后家具或墙面会因此而改变的话，应该比较墙面和家具纤维及颜色的小块样板，以保证它们与地板之间的和谐，因为地板使用的时间较长、更换较难且比较昂贵。

如果房间的基调已确定，选择地板应向这个基调靠拢，比如厨房使用了一个仿古的基调，板岩地板就是一个比较好的选择，因为它和橱柜、墙面颜色融合，匹配较好。

噪声水平

地毯对消除噪声来说是一个好的选择，它能使房间显得柔和安静。弹性乙烯地板比瓷砖容易消除噪声，并且更容易维护。当经常穿着鞋走来走去的话，弹性乙烯地板比瓷砖更容易减小噪声。

价位和人工费

材料和人工的花费往往是业主选择地板时的决定因素，在保证高水平高质量的同时，铺设地板时有许多选择可以减少材料花费。

例如，昂贵的柏柏尔地毯超出业主承受范围，为保证足够的支付能力，在大厅和卫生间等位置铺设弹性地砖，可以为主要地面节省比较昂贵的材料费用。

对业主来讲，在卫生间铺设瓷砖是一个不错的选择，但也是一个昂贵的选择。可以在主卫铺设瓷砖，而在客卫采用外观与瓷砖很相似的乙烯地砖代替瓷砖。

维护

弹性地板最容易进行维护，它可以每周用拖把拖洗或时常简单打扫。如果弹性地板用于厨房，经常拖洗可以预防灰尘和尘土进入其他铺设地毯的房间。

由于内置或铺设后应用的现代抗污纤维的使用，使地毯变得更容易维护，每周真空吸尘一次、每 6 个月清洗一次有助于延长地毯的使用寿命。瓷砖地面在保持原始光泽上有一些困难，纹路和颜色有时可以掩盖灰尘，但灰尘容易嵌入内部，需要大量擦洗工作才能保持清洁。

从清洁来讲，硬木地板比较容易打理，但容易受到工具、鞋子、宠物和日常生活的磨损。每周拖洗可以保持其清洁，但采用木填充笔或液体油脂对划痕进行修补费工费力，已经超过其自身的价值。

当遇到原木地板时，需要更多的维护工作。在特殊情况下，需要彻底清除底漆，重新油家具漆，才能使地板保持良好的外形并免受进一步的损坏。

铺设

本书中，在铺设每一种地板前将介绍如何精确测量和计算，保证开工后不缺少材料；我们还将列出铺设每一种地板需要的工具。

经过专业铺设和正常维护后的地板，将会保持良好的效果，并且会极大地改善业主的日常生活质量。

第1章 地毯的铺设

为改善地面的外观，满铺地毯是最容易和最快捷的方法之一。地毯能够给房间增加暖意，改善颜色和增进舒适度。多数人希望地面能够与房间内的家具相匹配，地毯拥有的丰富颜色和纹理使它成为一个显而易见的选择；根据品种和颜色的不同，铺设地毯有一个合理的费用，所有这些因素均对选择铺设地毯作为地面起到一定的作用。

1. 地毯的构造

让我们了解一下大部分类型地毯构造方面的知识，所有的地毯都由纤维制成，主要的五种类型是：尼龙、聚酯纤维、烯烃类纤维、丙烯酸类纤维和羊毛。

尼龙纤维容易清洁，耐久性好，抗污性能优越。聚酯纤维的抗污性能比尼龙纤维更好，且长时间暴露在阳光下不褪色。烯烃类纤维抗污性和耐水性好，但不耐用且不像尼龙和聚酯纤维那样柔软。丙烯酸类纤维在感觉和视觉上很柔软，有一定的耐水性，但耐久性比其他纤维均差。

羊毛纤维在所有纤维中最昂贵，但具有较好的耐久性和保暖性能（图1.1）。

一个判断地毯质量的办法是检查表面纤维的密度，纤维越密，地毯越能承受人流量和污染，如果你看地毯的背面，网格越密，纤维的密度就越大。

性能＼纤维	羊毛	尼龙	尼龙 6-6	丙烯酸类	人造丙烯酸类	烯烃类	聚酯类
抗磨损性	好	优秀	优秀	好	好	优秀	好
弹性	很好	很好	很好	很好	很好	好	一般
保色性	一般	很好	很好	好	好	优秀	好
保型性	好	很好	很好	好	好	好	一般
纹理保持性	好	很好	很好	好	好	好	一般
抗尘性	好	好	优秀	好	好	优秀	好
去尘性	好	好	很好	好	好	优秀	好
抗光热性	优秀	很好	很好	好*	很好	好	好
吸湿性	高	低	低	低	低	很低	低
抗真菌、抗霉变、抗虫性	+	高	高	高	高	高	高
抗静电性	低	低	高	中	中	优秀	低

+需要处理　*如果进行处理

图 1.1　地毯纤维性能对比表

2. 地毯的类型

目前市场上有四种基本类型的地毯：由于已在背面附有泡沫材料，背衬地毯不需要额外的衬垫，因此这种地毯比其他类型的地毯更容易铺设，它不需要抻展和安置钉带，仅采用通用的胶粘剂固定即可。背衬地毯一般质量较差，因此费用较低。记住，你的顾客在他们所支付的费用得到回报时才有可能终止更换地毯，由于为更高质量的地毯增加了长期的费用，他们真的希望这些地毯能用更长的时间。

另外一种地毯是簇绒地毯，简单地说就是地毯完全由一环状线织成并表现出纹理外观（图 1.2），环状线可以按照指定的形状编织，也可以任意编织，这种类型的地毯比较适宜用于人流量大的区域。在今天的市场上，一种叫做“柏柏尔”的簇绒地毯作为最流行的类型被广大新家庭所选用。

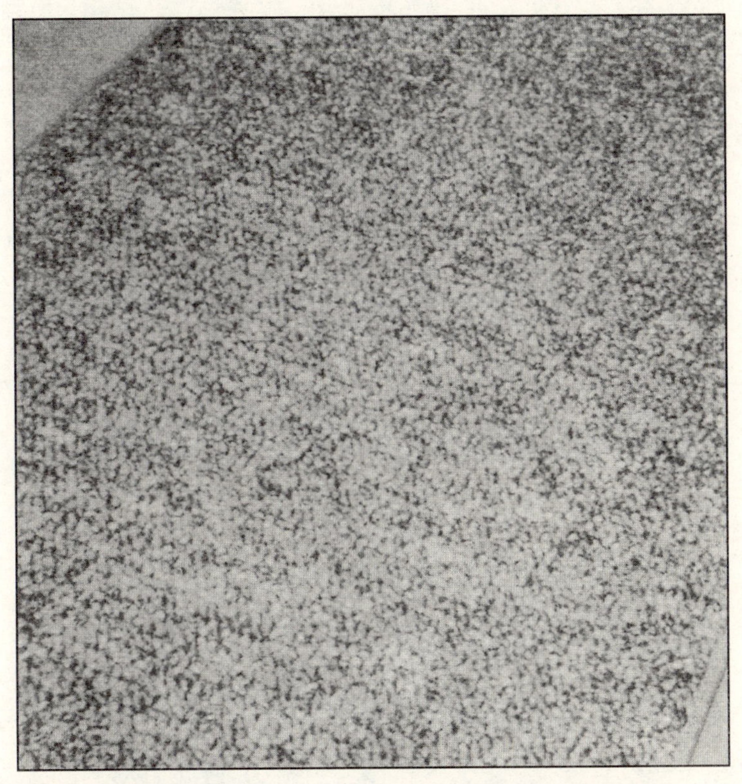

图 1.2　簇绒地毯

第三种普通地毯是天鹅绒切面地毯（图 1.3），这种地毯在所有地毯中表面最平整、纤维最厚，它外表传统，较适宜于起居室和餐厅中使用。

萨克森（Saxony）毯通常被称作长毛绒毯（图 1.4），非常适宜在家庭房间铺设。这种地毯可以长期使用并能阻止灰尘进入纤维。它外观呈现斑点状，有助于隐藏轻微的污物和磨损。

图 1.3 天鹅绒地毯

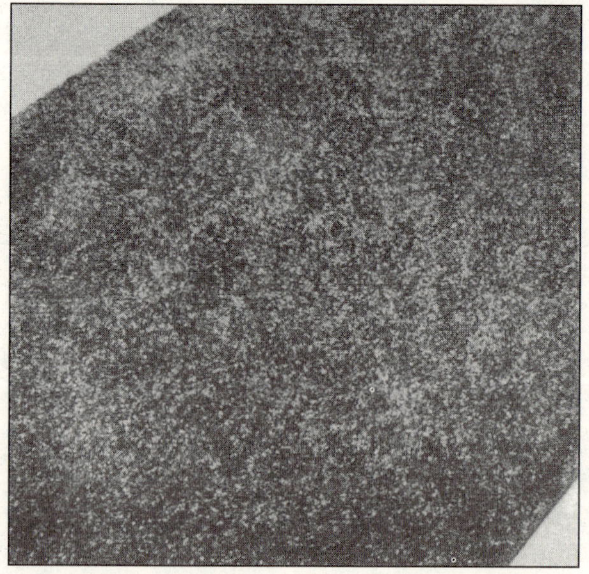

图 1.4 长毛绒毯

3. 地毯标签

了解地毯的最好方法就是将地毯样品反过来，看背面的标签（图 1.5），标签应告诉你制造地毯所用纤维的类型，其中有已添加的抗污化学物质（会降低纤维的强度但可增强其抗污性）和可以得到的产品的尺寸，产品尺寸在计算房间尺寸时迟早有用。

同样，标签也会显示附加的表面特性以及制造商担保的范围和时间长短。一般来说，担保越好，产品的质量也就越好。

4. 衬垫的类型

依据地毯类型、铺设环境、交通量状况、降低噪声、绝缘值和费用的不同，有多种类型的衬垫材料可以选用。衬垫材料可以被分为如下三类：

- 纤维衬垫
- 蜂窝状海绵或橡胶衬垫
- 聚氨酯泡沫

（1）纤维衬垫

纤维衬垫为大、中、小各种交通流量提供稳定、密实的衬垫（图 1.6）。这种类型的衬垫有吸湿性，因此需要在衬垫和地毯之间放置低吸湿的隔离层如橡胶薄片。

当选用这种毡类衬垫时，你也可以在它背面放置橡胶衬背，以阻止滑动并延长地毯的寿命。

（2）蜂窝状海绵或橡胶衬垫

衬垫的另一个选择是蜂窝状海绵或橡胶（图 1.7）。由于海绵状的垫子有显著的豪华感，这种材料不建议用在交通流量大的地方。泡沫橡胶衬垫稳固、紧密，可以承受较大的交通流量。泡沫是一种漏出后还会保留气味的产品，因此在什么地方放置这种类型的衬垫应小心谨慎。

10 YEAR LIMITED TEXTURE RETENTION WARRANTY
10 YEAR LIMITED STAIN RESISTANCE WARRANTY
10 YEAR MANUFACTURING DEFECTS WARRANTY
ANTI-STATIC PROTECTION
MOHAWK
COLORCENTER
30 DAY SATISFACTION ASSURANCE GUARANTEE
TEXTURE
MADE IN USA

图 1.5　典型的地毯标签

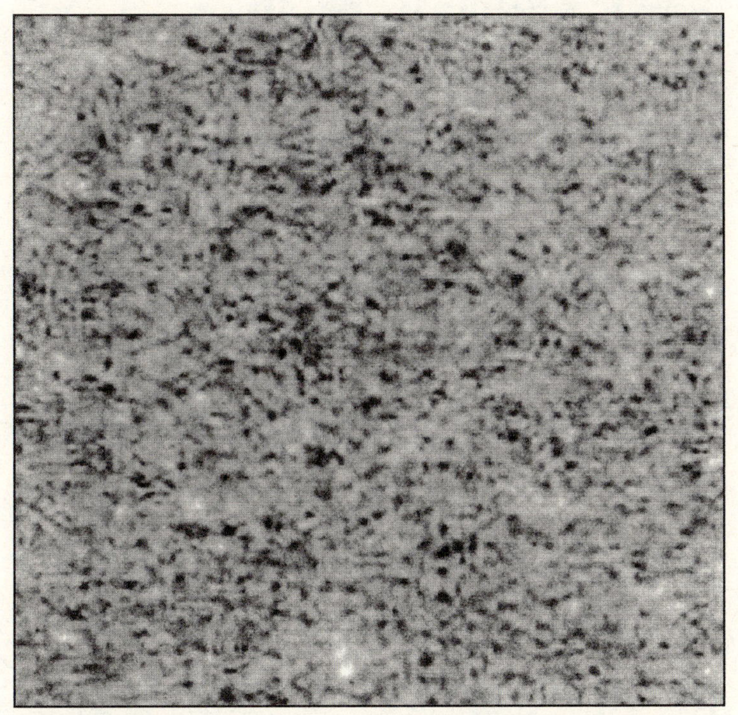

图1.6　纤维衬垫

（3）聚氨酯衬垫

聚氨酯衬垫适用于从小到大的交通量，然而这种衬垫长时间使用后可能会被压得扁平，因此采用最高密度产品以减小这种可能十分重要。不要在衬垫中采用填充料或超过1%的消耗材料。

所有类型的衬垫应采用最大的可能长度、最少的接缝进行铺设，同时，当地毯在衬垫上铺设时，衬垫接缝不应与地毯接缝在同一位置。衬垫的铺设比真正地毯的铺设更加重要，要确信衬垫的平整以保证安全，保持地毯不出现皱纹和明显接缝。选择正确型号的衬垫可以延长地毯的寿命并改善地毯的观感。有一件事应牢记：选择厚的衬垫并不能够改善地毯的质量，而会引起地毯与衬垫之间的摩擦，降低其耐久性，并逐渐磨损至破坏。厚衬垫的体积比薄衬垫大，一段时间以后，在地毯上行走可使地毯产生自

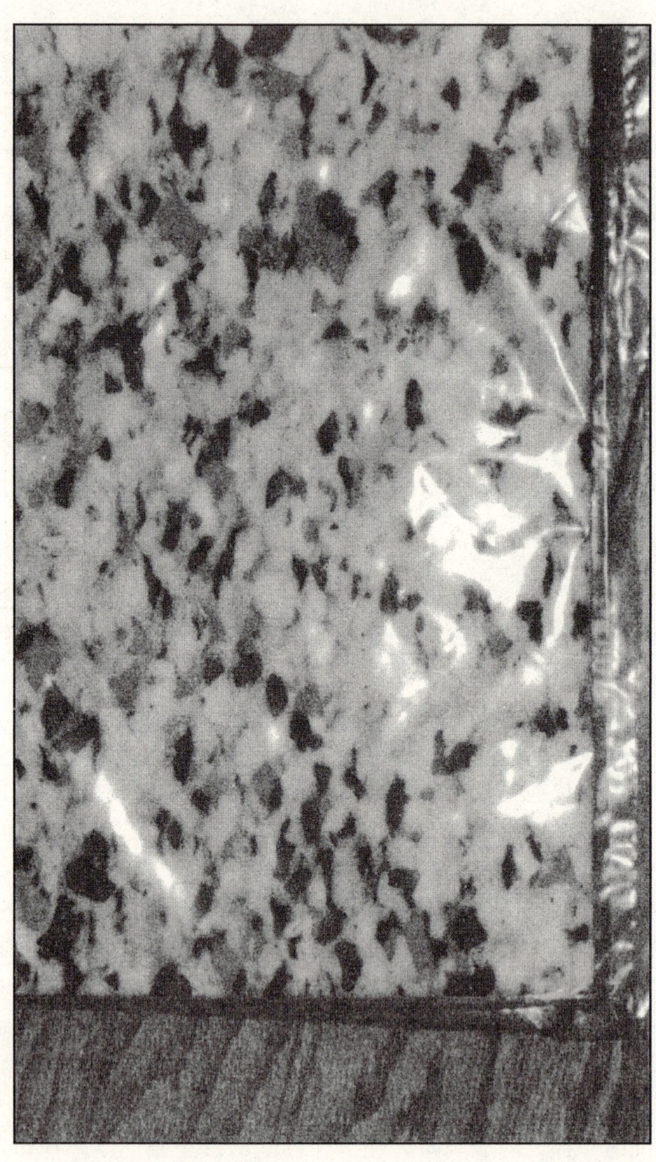

图 1.7 海绵衬垫

然伸展，这种伸展使地毯摩擦衬垫，且比合理重量的衬垫磨损速度更快。

5. 衬垫和地毯的测量

衬垫和地毯的测量和计算方法是相同的，长乘以宽得到房间的面积，任何额外的开间和不在房间区域内的面积都需要单独计算并加入整个计算面积内。大部分地毯尺寸为 12ft × 15ft。

当你正在测量房间并希望设计出特殊的图案时，应牢记这些测量数据。若房间较宽，你不得不放弃地毯的图案，将地毯拼接在一起；若是有主体图案或有褐点的地毯，便比较容易将接缝隐藏起来。正常使用几个月后，接缝可以消失在地毯内，你的顾客很难发现接缝所在。不应将接缝放在交通量较大的地方。如果需要接缝，为保证正确的剪裁和修正，应在总面积内增加 20%。在产品测量中增加 20% 将保证你有足够的地毯来合理地进行裁剪、缝合。

测量壁橱和楼梯

如果测量带壁橱的房间，不要采用整个面积的一部分，而应专门为壁橱裁剪地毯，从整块地毯上分别裁剪，然后缝合在一起铺设这些面积。当为衬垫进行测量时，不需要比计算多 20%，衬垫不需要像地毯一样被伸展或缝合。

测量台阶的地毯用量，将每一步台阶的高和宽，也就是台阶前面和顶面相加，然后测量楼梯的宽度，便可得出你需要从地毯卷上裁剪的尺寸。在每一踏步或台阶的接缝处固定每一段地毯胜于将所有块缝合在一起。

6. 铺设地毯所需的工具

一旦你已正确测量完所有需要铺设的面积，你就应准备所需的工具。下面是你需要的工具清单：

工具清单

√ 电动延伸器和伸展器。保证伸展器能满足房间的宽度

√ 缝合熨斗
√ 膝撑
√ 粉笔线
√ 边缘修剪器
√ 连续行刀
√ 规则万用刀
√ 楼梯工具
√ 锤子
√ 平头剪、剪刀和订书机

铺设衬垫的附属用具

为铺设衬垫，你将需要一些附属用具。你可能需要用烫带将地毯接缝连在一起，用纸胶带将衬垫接缝连在一起，用双面胶带把地毯粘在混凝土地板上，用钉书钉将衬垫固定在木垫层上。

钉条是有一些突起倒刺的小木条，用于在垫层的边缘固定张紧地毯。这些钉条宽1½in，上面有朝上的抗锈金属大头钉。对交通量很大的区域建议采用三排朝天钉，其他区域采用两排已足够。你需要将这些钉条放置在房间的四周，与墙体之间只留很小的缝隙。

7. 垫层

在铺设衬垫和地毯前，必须合理地准备好垫层并打扫干净。垫层可以是胶合板、实木地板，甚至是水泥地面，无论是什么垫层，重要的是要使它们尽可能平滑，同时，当准备垫层时，应确保清除所有房间或不同类型地板之间的压条（图1.8）。

当有两种不同类型的地板时，压条是必需的，它们覆盖不同的地毯连接处，转接压条可以装饰复合地板与地毯之间的缝隙。压条可以用螺钉、钉子或胶粘剂固定。没有压条保护的地毯边缘经过长时间有可能卷起并导致安全事故。

（1）混凝土垫层

混凝土垫层适用于所有类型的地毯，在其上铺设地毯的方法是使用胶粘剂。如果混凝土地坪低于地平面，如地下室，应在刷胶粘剂之前进行防潮处理。确保地面被清扫干净并采用地板找平胶填充所有直径大于 1/8in 的小洞。如果混凝土严重开裂和不平，应采用找平胶重新制作全部表面，这样可以平整地面并覆盖所有的裂缝和不完整的地方。找平胶有一桶 5 加仑供应，将其倒在地面上之前应仔细阅读制造商的使用说明。这种类型的混合物通常是自流平，因此不需要更多的工作，仅仅在需要的地方倒出并在设置防潮层或新垫层前让其干燥 24h 即可。一般有四种类型的胶粘剂可以使用：

- 天然胶乳
- 合成胶乳
- 溶剂型胶粘剂
- 乙醇溶剂树脂

图 1.8　瓷砖和地毯的交接

在大多数情况下，天然和合成胶乳产品较适用并最安全，在使用它们的产品前总是要仔细阅读制造商的使用说明。如果在混凝土地面上铺设衬垫不使用胶粘剂时，可以使用钉条，将其直接钉入混凝土垫层。

(2) 胶合板垫层

当木地板上有太多的缝隙需要填充，或者你希望铺设两种或更多种不同类型的地板时，就需要胶合板垫层。当使用胶合板作垫层时，应采用3/4in厚的坚固的板。用环行纹钉固定每一块胶合板的四周，确保每一块胶合板错缝排列，避免角部相交（图1.9）。一段时间后，角部可能由于压力翘起或翘曲，尤其是交通量很大的区域，应确保所有铺设地毯的区域下有垫层。当所有胶合板都钉好后，回头看地板表面，确保没有钉头突出并且所有胶合板的边缘平滑相连。如果钉头已造成大于1/8in的洞，应采用木填充物填实。地板尽可能保持平滑十分重要，一旦铺设地毯，长时间使用后就会感觉到这些地毯下未处理好的不平整之处。

图1.9 胶合板地板上的叉排角部

垫层安装光滑、洁净、平整后，就要准备安装钉条。你应该戴一付工作手套——钉条有小钉。拿一根钉条，将大头针的头部对准墙并沿房间四周安装（图1.10），在钉条和墙之间留一小缝隙，通常等于地毯厚度的2/3。安装时用一块纸板完全隔开钉条以保护墙体。这个缝隙要让地毯铺设后能将地毯的边缘卷入并修剪。为安装钉条，你可以直接钉入木垫层，钉子之间的距离保持1in或2in以安全地固定钉条，你也可以拧入螺钉固定钉条。这种形式的铺设通常适用于混凝土地面。

图1.10 铺设在胶合板垫层上的钉条

小窍门

当在新的或已有地板上安装倒刺板时应小心，可能有供热或其他管道，当钉子或螺钉穿过它们时可能渗漏。查找供热管道位置的好办法是在钉条钉入的墙边撒水，打开供热并记录最先干燥的区域，这就是地热管道的位置。

小窍门

在铺设胶合板垫层前，板子应调整使其适合环境。在板子一面涂上一层薄薄的水，然后将它们一层一层地堆在铺设的房间至少48h，通过这个过程使木头适应房间的温度并阻止将来翘曲。

8. 衬垫的铺设

铺设衬垫依据地面的位置和垫层的类型，你可以在混凝土或胶合板垫层上铺设衬垫。

（1）在混凝土垫层上铺设衬垫

如果地面位于地下室或低于地平面，应采用胶粘剂铺设衬垫，这种方法一般用于此类地面并有助于保护衬垫。地面一旦光滑、平整并干净，就尽快涂胶粘剂。只要覆盖整个地面，一薄层就足够，打开衬垫卷并压实，直到其固定。巡视四周并用万用刀将衬垫多余部分裁掉。如果你采用钉条铺设地毯，可裁剪衬垫使其不盖住钉条。

若衬垫卷不足以覆盖整个地面，就需要将其缝合在一起。应测量未铺设的区域并剪出适合的衬垫片，将这些衬垫片采用胶带在接缝处粘合成一个整块。若不使用胶粘剂铺设衬垫，也可以使用双面胶带。

（2）在胶合板垫层上铺设衬垫

如果你在地平面或高于地平面的房间如卧室铺设衬垫，最有可能在胶合板垫层上铺设衬垫。打开衬垫卷并裁剪，使其适合地毯铺设的整个地面（图1.11），一旦铺满整个地面，裁剪掉多余的衬垫，露出钉条。如果需要，用胶带将接缝处粘结并每隔6in直接固定在胶合板垫层上（图1.12），这有助于保证张紧，避免其在地毯下褶皱。

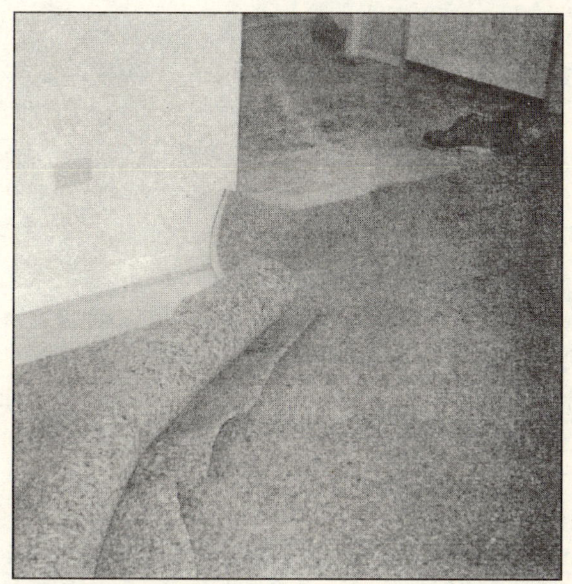

图1.11　在胶合板垫层上铺衬垫

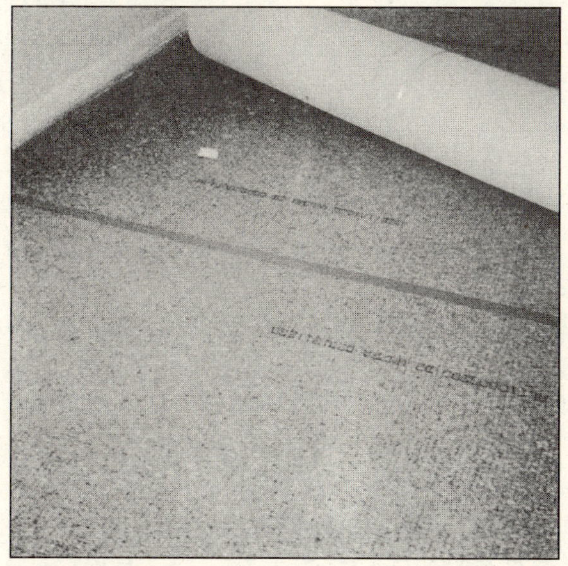

图1.12　粘结衬垫的接缝

9. 地毯的铺设

下面将涉及两种类型的地毯铺设，两种类型之间有许多相似之处，但也有一些重要的区别。背衬地毯和满铺地毯的铺设是当今最常用的。

(1) 衬垫地毯的铺设

除去不用张紧和不使用钉条外，背衬地毯的铺设在许多方面与满铺地毯相似。采用满刷胶粘剂将这种类型的地毯铺设在地面上，这种地毯已在背面带有衬垫，不需要另外的衬垫，你可以直接用胶粘剂将其铺设在垫层上。这种类型的地毯及其铺设较便宜，通常用于较低品质的地面。

在测量和剪切了地毯后，简单地涂刷胶粘剂并打开地毯卷，打开时向下压实。裁剪掉多余部分的地毯并用油灰刀修整边缘。

> **小窍门**
>
> 将地毯从铺设地点运送到裁剪地点最好的方法是沿长向向中间折叠，然后松弛地卷起。地毯卷体积很大，但容易机动地通过门和转过角部，应沿纤维的方向卷起和打开地毯。

(2) 满铺地毯的铺设

满铺地毯的铺设主要是伸展地毯并保证地毯接缝连接不被注意到。处理接缝可能十分棘手，在铺设前应在小片地毯上进行试验。测量需要铺设的面积，你可以对折地毯并将其搬到要铺设的房间，展开地毯并在其背面用黑笔或铅笔做标记，在沿墙的四周预留大约 3 ~ 6in 用于伸展地毯和接缝。将地毯拿出房间并放在一个大的地方，如干净的车库地面或车道，并依据背面的标记剪裁，将剪好的地毯拿回房间并尽可能紧地固定在房间四周的钉条上，环视四周并尽可能地铺平地毯。

在每一个角部，将地毯沿对角剪开使其能放平，同时，剪裁一些斜缝帮助将地毯铺设在散热器管道和其他障碍物的四周。

如果你采用一块地毯无法覆盖整个房间的地面，就需要在地毯的一些位置设置接缝，接缝需要设置在交通量较小的区域和不太引人注意的地方。你应该顺着光源的方向设置接缝，这有助于减少能使接缝突出的阴影。在两块地毯要有新接缝的地方，向后拉地毯，边缘要形成大约2in的空隙。将接缝熨斗插上电加热。

剪切一块与接缝一样长的接缝带并放在地毯的下面，使其与接缝对中，将接缝熨斗直接放在地毯背面的接缝带上，使接缝带液化约30s，将两块地毯的边缘按在接缝带，记住，接缝带很热，按下时应小心。确保接缝之间的纤维不被压碎，使其看起来像一块光滑、一致的地毯。接缝固化时在其上放一些重物。如果还有一些缝隙显现，可以在胶热的时候使用膝撑小心地将接缝压在一起。按照相同的过程处理所有的接缝，包括将小块接成储藏室地毯。

小窍门

当剪裁地毯时，记住从正面裁剪地毯的图案。如果铺设切面簇绒地毯，使用一个万用刀沿一行纤维划出印痕，然后切下地毯，确保没有切断地毯纤维。当剪裁其他类型的地毯时，从背面开始剪裁。记住应避免从地毯纤维中剪过。

一旦所有接缝完成，可以准备铺开地毯，为保证地毯没有褶皱或起鼓，有许多方法可以用来铺开地毯。

假设房间有四个角，A、B、C和D，你可以按照下面的方法铺开。抬起并将地毯角部挂在A角的钉条上，从A到B铺开，回到A再从A到C铺开，下一步从A到D（图1.13）。如果地毯看起来出现扭曲或图案不匹配，应重新铺开整个地毯。

如果需要，使用电动张紧器和铺展器来张紧和铺开整个地毯，首先沿着整个宽度，墙体到墙体使用张紧器直到地毯被拉到钉条上。当张紧器张紧到位时，用膝撑完成连接并保证地毯与钉条固定好。

采用这种方法将所有的地毯固定在钉条上。当铺设储藏间或突出部位时，在四周的墙体放置张紧器，然后将另其一端放在储藏间内，储藏间的后墙更适宜首先固定，然后再固定侧墙（图1.14）。

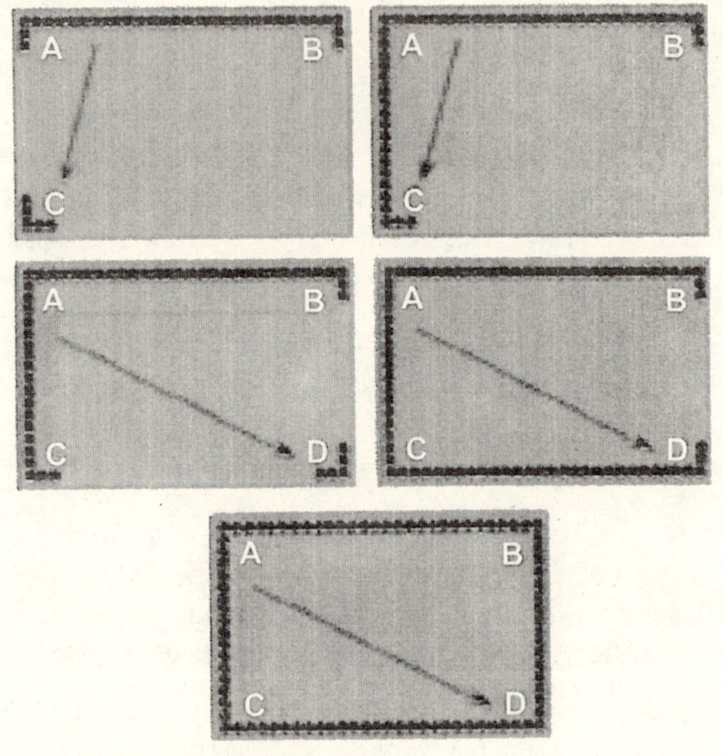

图 1.13　地毯铺展示意图

全部固定在钉条上以后，巡视四周并用万用刀裁掉开口位置的地毯，你可以使用双面胶将这些舒松的边缘固定，或只需将通风口的盖放回，盖在地毯的边缘上，使地毯固定好。下一步，巡视房间四周并用边缘修剪器修剪突出地毯边缘的毛刺，完成后，用楼梯工具或油灰刀将修剪好的边缘卷起。

10. 楼梯上地毯的铺设

楼梯地毯既可以按与楼梯同宽的满幅铺设，也可以按每台阶一块进行铺设。整块铺设最好，没有接缝，也不用在每一踏步进

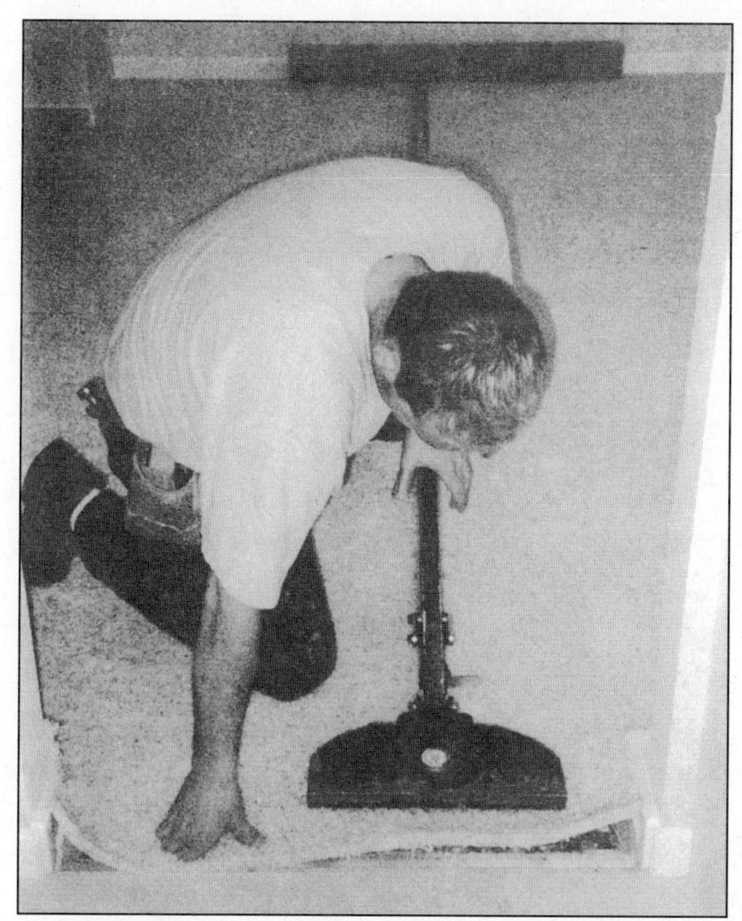

图1.14　地毯铺展

行打褶。一般来说，使用与台阶的级高和级宽相同的地毯片。在这两种情况下，都要测量踏步的宽度及高度和每一梯段，以确定需要多少地毯。将地毯拿到平坦的地方并用万用刀裁剪成需要的合适尺寸。测量每一踏步的长度并逐一切割钉条，一个钉条放置在踏步立板的下部，一个放置在平板的后部（图1.15）。

小窍门

在地毯接缝前，可用工作中的废料块进行热熔接头试验，等接缝冷却，然后切成 1in 宽 12in 长的小片，放在平处并用手扯接缝处，在地毯被扯到极点时你会有所发现，这将显示出你的接缝是否做得正确。

图 1.15 钉条的安装

然后，为每一踏步剪切衬垫并固定在整个需要铺设地毯的表面，应确保不盖住钉条，在铺设地毯前应保证衬垫的稳定和平整。

测量完地毯，铺设完衬垫后，从梯段的底部开始铺设，确保地毯固定在地面和钉条之间。使用膝撑，拿起地毯并张紧固定在第一踏步的钉条上。使用地毯工具修剪踏步与踏步立板之间多余的地毯，踢两侧直到地毯固定好（图 1.16），对每一踏步重复上述过程。

对楼梯，不需要将地毯块缝合在一起，仅确保地毯可靠地固定在钉条上和卷入每一个角部即可。当到达楼梯顶部后，可能遇到另一种松软的地毯或其他类型的地板，若是一种松软的地毯，首先拿起上部的地毯并固定，然后张紧下部的地毯，使其接触到上部的地毯并固定在钉条上。

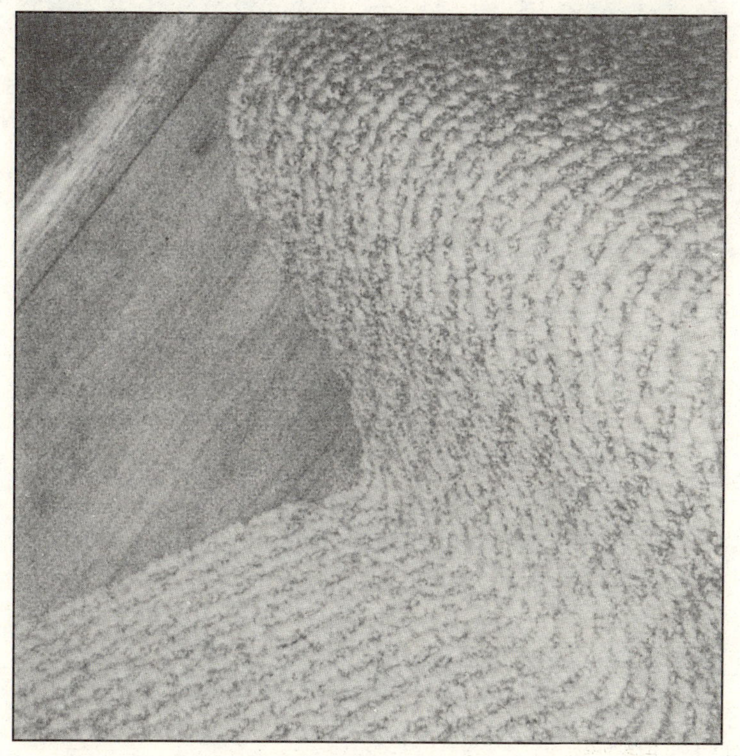

图 1.16　地毯卷入所有的角部和接缝

如果在两侧没有封闭的楼梯上铺设，剪切地毯使其能在边缘封边并固定，当剪切地毯时，应预留出足量封边。一旦楼梯立板和踏步已张紧和固定，剪切边缘使其能够通过已有的栏杆柱或扶手。准备好后，先将地毯的一边向下折，固定地毯并使用缝边枪处理另一端松动的部分（图 1.17）。现在使用万用刀修剪多余部分，对每一个边缘重复上述过程。

铺设地毯可能是一项稍微艰难的工作，赋予你和你的团队以时间和能量，有组织地实施工程并合理铺设，使你和顾客能在以后相当长的时间内享受由此带来的好处。

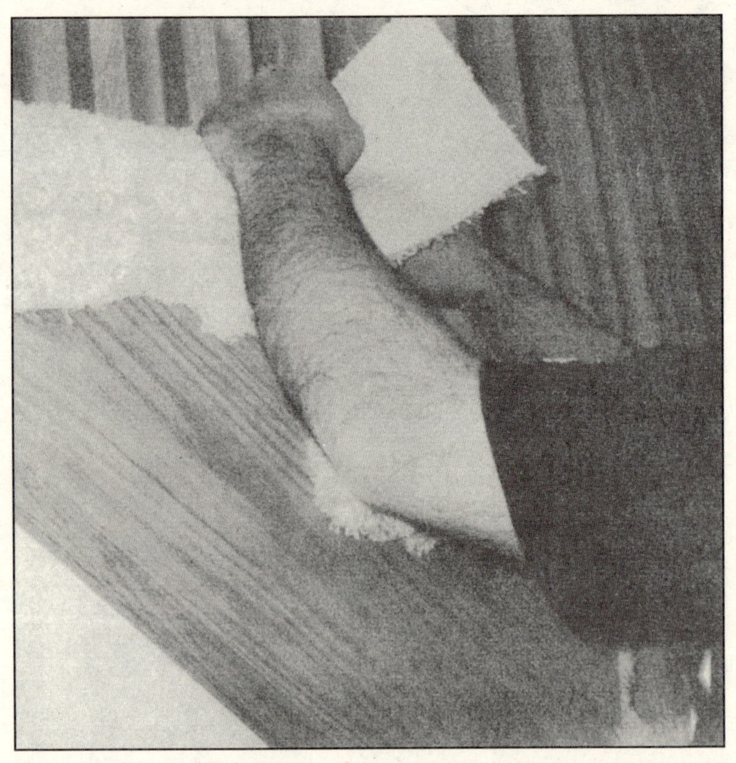

图 1.17 在楼梯边缘将地毯封边

第 2 章
复合地板的铺设

复合地板正迅速成为地面材料的首选，消费者发现，选用复合地板，花较少的钱，用较少的安装时间，就能获得实木地板的效果。这种选择不只局限于能在一个房间铺上新地板，还适用于以前认为不能铺地板的其他房间。新的复合地板的弹性远胜过实木地板，也比较好维护，还能为任何房间增添美感。

1. 复合地板的选择和构造

对于任何地板，都要全面考察现有的产品。对于复合地板，有两种基本样式可供选择：条形木地板和拼花方板，这两种地板在颜色方面均有充足的选择余地，并且都提供半成品，再按照定制的颜色着色或上漆（如图 2.1）。

绝大多数硬木地板被制成地板条，其厚度和宽度选择范围很大。复合木地板条的厚度一般在 5/16 ~ 1½in 之间，宽度在3/4 ~ 2¾in 之间。长度相同或不同的复合木地板条论块出售。几乎所有品牌的复合木地板都有条形地板出售，这种条形地板由三层同样宽度的材料粘合而成（如图 2.2）。

这三层材料宽度和厚度相同，这样有助于加快施工过程。你所选用的地板条规格越小，施工时花费的时间和劳动力就越多。复合木地板条也是企口地板，这种构造使得施工便捷，且配合紧密（如图 2.3）。

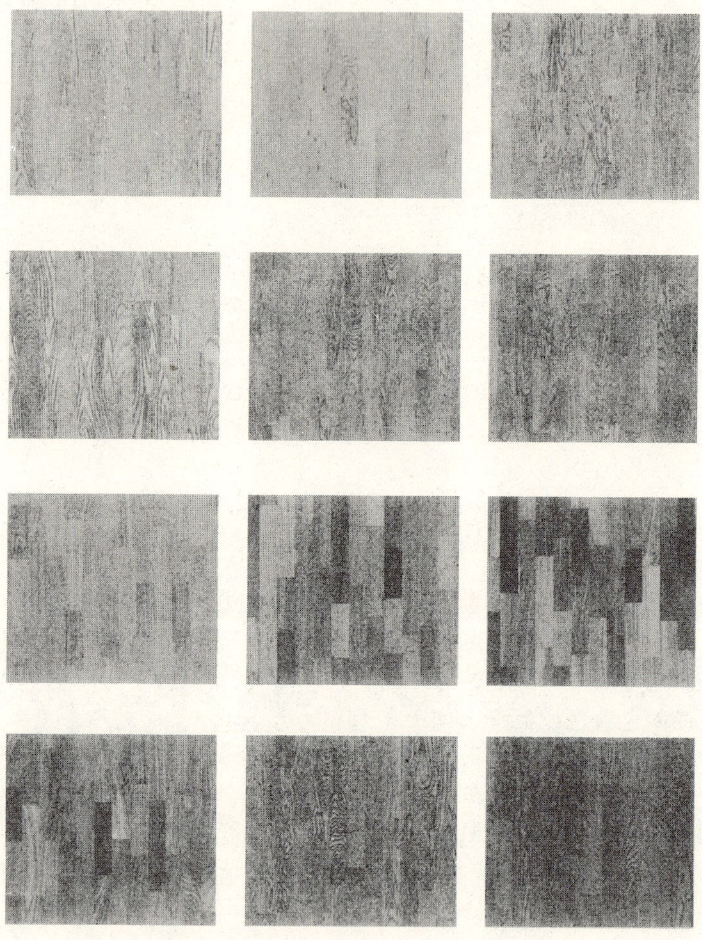

图 2.1　复合木地板颜色的选择

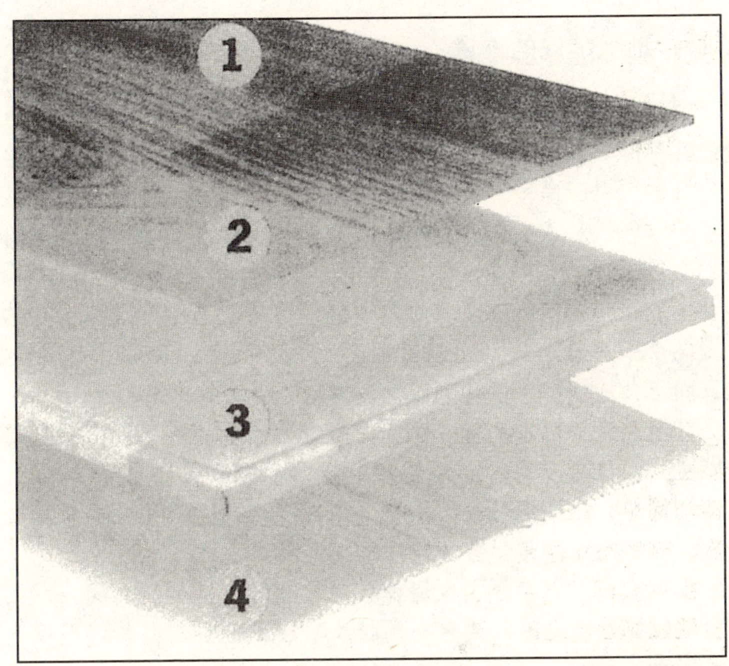

图 2.2　复合木地板的构造

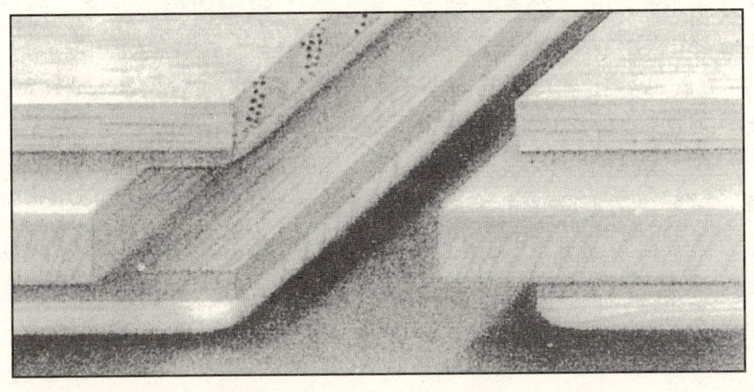

图 2.3　复合木地板边缘的企口结构

2. 选择地板铺设的位置

一旦找到合适的地板，在哪儿铺设将成为下一个选择。复合地板几乎能够铺设于所有地方；不像地毯和瓷砖，复合地板几乎没有缺点。在厨房里，人流量大并且有持续污染的可能，复合地板清洁方便，对重物和人流的抗磨损性强，因此成为厨房地面材料的必然之选。

虽然在起居室传统上习惯将地毯纳入考虑范围，现在也有趋势倾向于用复合地板。起居室人流量大，大部分活动发生在这里，而复合地板易于保持清洁，并能增添温暖的感觉。

甚至在卧室也越来越多地选择用复合地板。它不仅增添温暖的感觉，而且可以长时间地保持美观，不像地毯容易磨损弄脏。它清洁简单，用拖把打扫即可，不需要吸尘器，也不用两年清洗一次，这些特点使得复合地板比地毯强许多。

在浴室里，无论是主人浴室还是化妆室，甚至洗衣房，使用复合地板都是合适的。复合地板防水、耐磨性强，简单清洁后又焕然一新。

当选择了铺设地板的位置后，应意识到无论是一块木块还是复合地板块均由天然木材制成，时间长了就会褪色，因此，在家具或地毯周围，阳光直射到的区域，会看到很明显的褪色痕迹（如图 2.4）。定期重新摆放室内的家具，或者在窗户上挂上窗帘以阻挡直接射入的阳光，都能缓解地板褪色。

在上面提到的例子中，说到花费，复合地板仍是较好的选择，甚至当把复合地板铺在胶合板或水泥垫层上，正确安装之后，仍然比地毯省钱、寿命长。以上仅仅是在家中选用复合地板的一部分原因和例子。

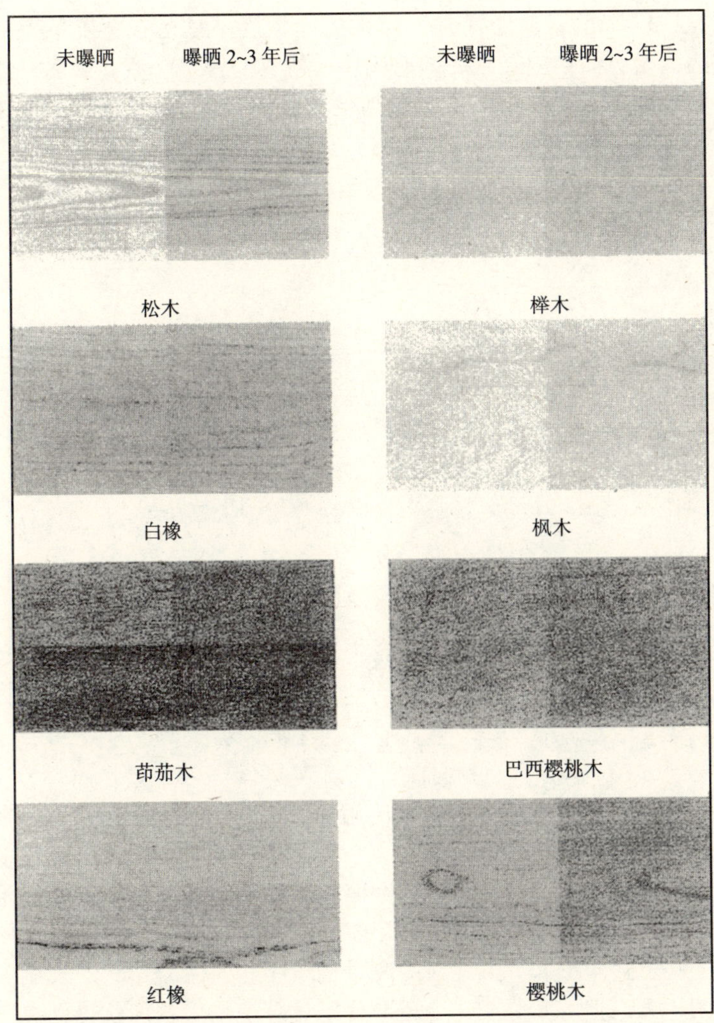

图 2.4　曝晒和未曝晒的实木/复合地板

3. 铺设复合地板地面的测量

一旦你决定要选用某种地板和确定铺设的区域，就要准备测量。如果你选用条形地板，需根据安装地板的方向测量地面。除去允许1/4in的暴露距离外，如果房间宽度不是地板宽度的整数倍，需要纵向切割最后一排地板块，使它变得窄一些。最后一排地板的宽度不得少于2in。如果满足不了这个最低值，必须减小第一排地板的宽度（图2.5）。

图2.5 如何切割最后一排或第一排地板以确保安装合适

如果安装方形地板，可以使用如图2.6所示的表格。表格最上边一行是房间的长度，最左边一列是房间的宽度，长度和宽度交叉得出的数字，就是覆盖这个面积所需地板的箱数。同条形地板一样，方形地板也要留出5%的富余量以备损耗。

在上述条形和方形地板的两个例子中，当遇到形状不规则的房间，可以把房间分成几个矩形分别计算，最后相加就得到总共所需的地板箱数。

铺设拼花复合地板地面的测量

标准的条形和方形地板根据自身的形状铺设，就能获得较好的效果。但是也可以沿任何方向切割条形地板甚至方形地板，而形成一种美丽的图案。

如果选用复合地板条，可以根据一个简单公式计算出一个图

	2	3	4	5	6	7	8	9	10	11	12	13	14	15	16	17	18
2	1	1	1	1	1	1	2	2	2	2	2	2	2	3	3	3	3
3	1	1	1	2	2	2	2	2	3	3	3	3	3	4	4	4	4
4	1	1	2	2	2	2	3	3	3	3	4	4	4	5	5	5	5
5	1	2	2	2	3	3	3	4	4	4	5	5	5	6	6	6	7
6	1	2	2	3	3	3	4	4	5	5	5	6	6	7	7	7	8
7	1	2	2	3	3	4	4	5	5	6	6	7	7	8	8	8	9
8	2	2	3	3	4	4	5	5	6	6	7	7	8	9	9	10	10
9	2	2	3	4	4	5	5	6	7	7	8	8	9	10	10	11	11
10	2	3	3	4	5	5	6	7	7	8	9	9	10	11	11	12	13
11	2	3	3	4	5	6	6	7	8	9	9	10	11	12	12	13	14
12	2	3	4	5	5	6	7	8	9	9	10	11	12	13	13	14	15
13	2	3	4	5	6	7	7	8	9	10	11	12	13	14	14	15	16
14	2	3	4	5	6	7	8	9	10	11	12	13	14	15	16	16	17
15	3	4	5	6	7	8	9	10	11	12	13	14	15	16	17	18	19
16	3	4	5	6	7	8	9	10	11	12	13	14	16	17	18	19	20
17	3	4	5	6	7	8	10	11	12	13	14	15	16	18	19	20	21
18	3	4	5	7	8	9	10	11	13	14	15	16	17	19	20	21	22

图2.6　方形地板的计算表格

案布局所需地板条的数量。首先，计算出在一个完整图案中每一种地板条有多少块，然后，用这个数乘以每一种地板条的面积，再把这个图案中所有木板条的面积相加；用每一种地板条的面积之和除以这个完整图案的总面积，可以得到每一种地板条在这个完整图案中所占比例的百分数。在计算总面积时，一定要加上5%的切割损耗量。用每一种地板条的总面积除以每一箱地板条的总面积，得出这种地板条总共需要的箱数，尽量凑足整箱。

标准尺寸的条形地板可以根据要求切割，或者购买已按照预定尺寸切割好的复合板。大部分预先切割的产品包括四个固定的长度，比较容易满足设计的要求。可以参考如图 2.7 所示的图案进行设计和布局。

图 2.7 切割好的复合地板图案和布局设计方案

4. 复合地板铺设准备

一旦整体布局确定，也已买到数量充足的地板，将未开封的地板在室温下放置至少 48h，使这些地板与室温一致。如果该地区很干燥或很潮湿，还要多放置 48h。把要铺设地板的地面打扫干净，清除掉所有的障碍物。

开始安装之前，要仔细检查每一片地板，看有无树节、褪色或其他毛病，这比在安装过程中才发现若干块地板需要更换要好得多。无论是条形地板还是方形地板，确保每一箱地板都有完好的表面涂层，下面是安装所需工具的清单。

安装复合地板需要的工具

√ 卷尺
√ 粉笔
√ 直尺
√ 电钻和钻头
√ 铁锤
√ 冲钉器
√ 电动敲钉机
√ 橡胶锤
√ 铅笔
√ 夹钳
√ 手锯或电锯
√ 装饰或地板钉

如果地板厚度为 3/8in，应该使用 4d 或 5d 型号的钉子；如果地板厚度为 1/2in，应该用 5d 或 6d 型号的钉子；3/4in的地板厚度，则应该用 7d 或 8d 型号的钉子。

5. 确定垫层

复合地板应该铺设在水泥垫层或胶合板垫层上，无论哪一种垫层，都要确保它完全清洁、干燥和平坦。为了确保地面水平，在地面上拉一根细线，或者将一根6ft或更长的水平仪放在垫层表面。

（1）混凝土垫层

如果采用混凝土垫层，建议在垫层和地垫之间使用防潮垫。即使混凝土垫层上铺有塑料、油毡块或卷材，也应该使用防潮垫。聚乙烯薄膜的厚度应该在0.15～0.2mm之间，防潮垫可以阻止水分渗透到木地板中，从而避免引起木地板的损坏。

在铺防潮垫之前，确保每一个深度超过3/16in的凹洞用水泥填充料填平。一种名为找平剂的材料，有的又叫抹灰准条，可以用来找平整个地面。每使用1mm找平剂，需要干燥一天才能开始安装复合地板。确保地面没有隆起或凸点，如果有凸点，必须用铲平机或喷砂装置磨平，才能开始装防潮垫。

小窍门

在混凝土垫层上铺复合地板前，有一个测试湿度的便捷方法。剪切几个$2ft^2$的塑料胶带，将它粘在水泥地面的不同地区，过72h后查看，如果塑料胶带下面有水珠，那就说明地面存在潮湿问题。即使在铺设时地面是干燥的，也不可以直接在上面铺，一定要在铺设衬垫之前铺设防潮垫。

（2）木垫层

与其他任何垫层一样，要确保木垫层平整、干燥和清洁。打扫木垫层时，检查有无上次安装地板遗留下的钉子、地板钉或图钉，别忘记检查木板有无树节或裂缝等较大的洞，如果这些洞超过3/16in时，必须用木料填缝剂填平。如果地面上有木板松动，使用螺钉而不能用钉子固定木板。在钉螺钉或钉子时都要用探测仪检查下面有没有管道或电线通过，用刨子刨平木板上任何凸起的部分。

6. 复合地板衬垫的类型

当垫层平整清洁之后，必须铺设衬垫。一般有三种不同类型的衬垫可供选择：普通的复合地板衬垫可适用于所有类型的复合地板；如果对声音或保温有特殊要求，应该用木质纤维衬垫，这种衬垫适用于地下室、有立体音效或家庭影院系统的起居室；最后，镀银绝缘衬垫可用来阻挡潮湿和腐蚀。切记硬木复合地板不能直接粘贴在垫层上，确保在垫层和地板之间选用合适的衬垫。

小窍门

安装衬垫或地板之前，首先确定你的螺钉或钉子要钉入哪里，要检查下面是否有PVC管道或地热管道通过。在地面上洒一些水，升高供热的温度，哪里地面的水干燥得最快，就说明哪里有地热管道经过，在装地板时这里绝不可以钉钉子。

7. 切割与拼接

当安装新地板时，毫无疑问会遇到障碍，比如说管道、地漏等。使用装有硬质合金刀片的圆盘锯，从地板未刷漆的底部开始切割以避免劈裂，当从木板的顶端切割时，再使用手锯。总之，要小心切割条形地板，以免局部损坏或劈裂。

一种常见的切割区域是在门框下面。你希望地板能依门框的外形铺设，从而给人一种舒服的视觉感受并能覆盖任何不平的边线。拿一片地板，将其底面朝上放在门框边上，在门框上做好标记，把门框底端锯掉，把条形地板或方形地板塞到门框下面，确保留出足够的空间以防地板铺完后出现膨胀变形（图2.8）。

当立管或通风口在木地板上开洞时，从地板的短边或长边锯都可以。如果从短边开洞，测量所需要开洞的直径，留出变形缝，使洞比实际面积略大1/2in。用电钻在洞的中心位置打穿地板并扩孔到需要的大小。打好洞之后，从洞的中心锯开木板（图2.9）。

当沿着长边在地板上开洞时，与在短边开洞一样。不同的是当完成开洞后，沿着与长边成45°角的方向锯开地板，而不是从洞的中心锯开地板（图2.10）。

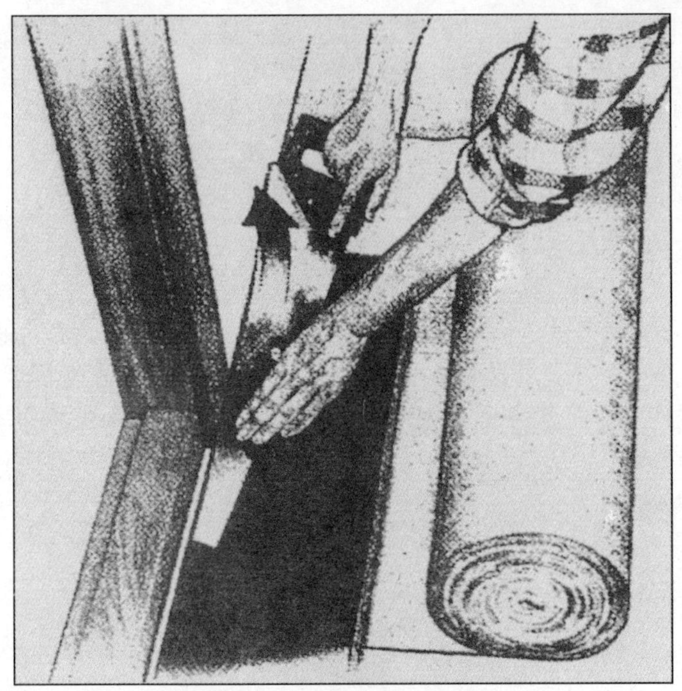

图 2.8 在门框下安装衬垫

图 2.9 当洞口开在木板短边时如何锯开地板

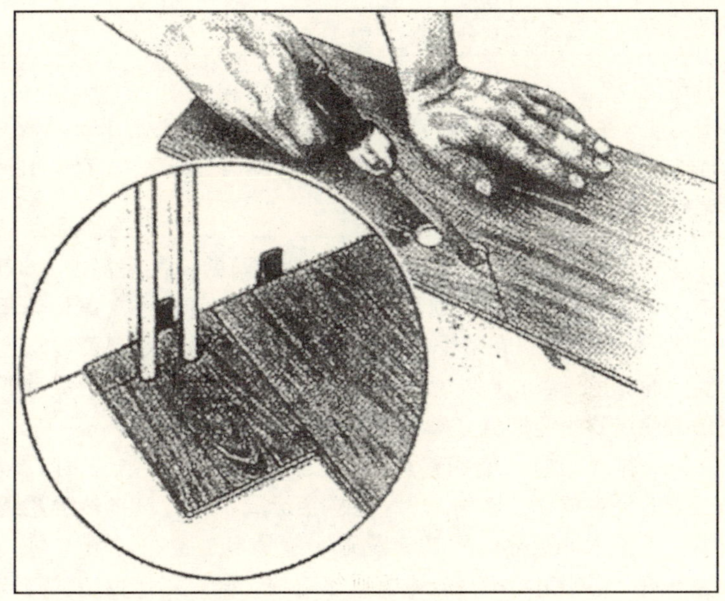

图 2. 10　当洞口开在木板长边时如何锯开地板

8. 条形复合地板的铺设

本节介绍条形复合地板的钉装工艺和胶粘工艺。下一节介绍方形复合地板的布局及安装。

安装地板的位置和垫层的种类决定了安装方法。钉装法适用于在 1/2in 或更厚的胶合板，或者木地板垫层上安装复合地板；胶粘法适用于在胶合板、混凝土、已有木地板、瓷砖或塑胶垫层上铺设复合地板。

（1）用粘贴法铺设

在安装复合地板之前，确定地板铺设方向。沿着地板长边铺设是常用的标准铺法。如果房间里有窗户，使地板与窗户垂直，并平行于射入的光线。如果在旧地板上铺，与旧地板成 90°方向铺设新地板，这会有助于使接头稳固。从房间的左角开始，从左到右铺设，将前三排的地板干铺在地面上，确保带有凹槽的一边朝向墙壁，注意从左到右，距墙留出变形缝。

小窍门

当地板需要切割出异形时，可以做一个同样尺寸和形状的纸板作为模板，把它放在地板上再切割，这样会获得与目标尺寸最相近的形状。

一般房间的变形缝为1/4in宽，如果房间的长度或宽度为66ft或更大，就要沿着房间四周和任何固定物体如管道或支撑物等留出1/2in的变形缝，在整个安装过程中使用定位垫块（可以从你的供应商那里得到）保持固定的距离。当地板装完后，用成型的压条盖住周圈的变形缝。

第一排地板应该使用整板，第二排地板为板片长度的2/3，第三排地板为板片长度的1/3，这样会形成一个过渡自然的错缝图案。干铺木地板后，你就会看到墙壁是不是直的（图2.11）。如果不直，用铅笔沿第一排木板画条直线，确保用定位垫块与墙壁保持固定的距离。一旦木板摆直，每三排组成一个图案，就可以用胶粘了。

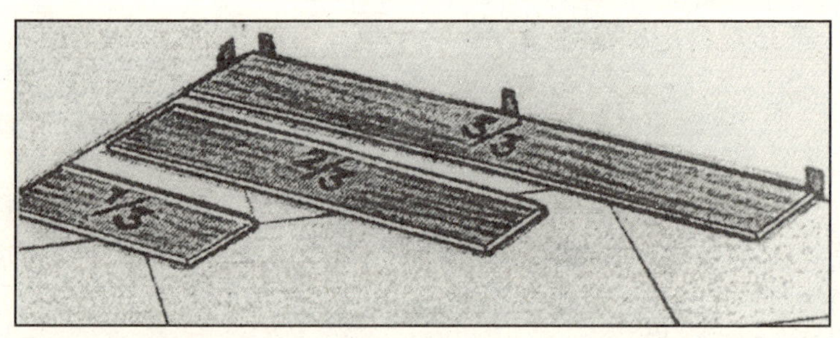

图2.11 前三排地板干铺

用刀或圆锯切割木板，然后根据铺设顺序在板背面写上编号。现在可以按照背后的编号粘贴，将胶涂满凹槽和两个长边两个短边（如图2.12所示）。地板正对墙壁或接触固定物体的边缘不用抹胶，然后可以用橡胶锤在最后一块抹胶的地板上轻敲。沿着缝隙可能会有少量胶挤出来，这很正常，说明凹槽里充满了

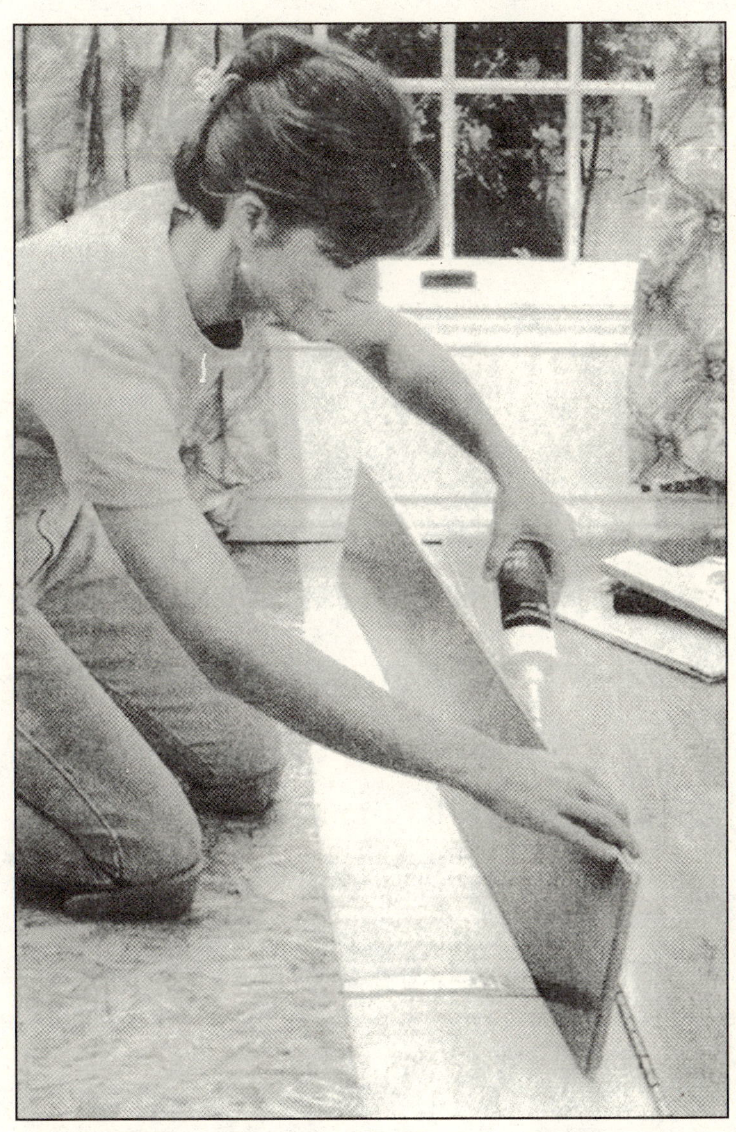

图 2.12　在木地板上涂胶

胶。用抹布马上擦掉多余的胶。铺完地板后，地板之间应该没有缝隙，如果还有缝隙，可以用橡胶锤不断地敲打，直至消除所有缝隙为止。

安装完前三排后，在安装剩余地板之前等待 1h 让胶晾干粘紧。在地板粘紧后，继续安装地板。从左到右、一片接一片、一排接一排，确保图案一致，像前三排一样保持错缝式接缝，确保一排与相邻一排的接头间距不小于 8in（图 2. 13）。

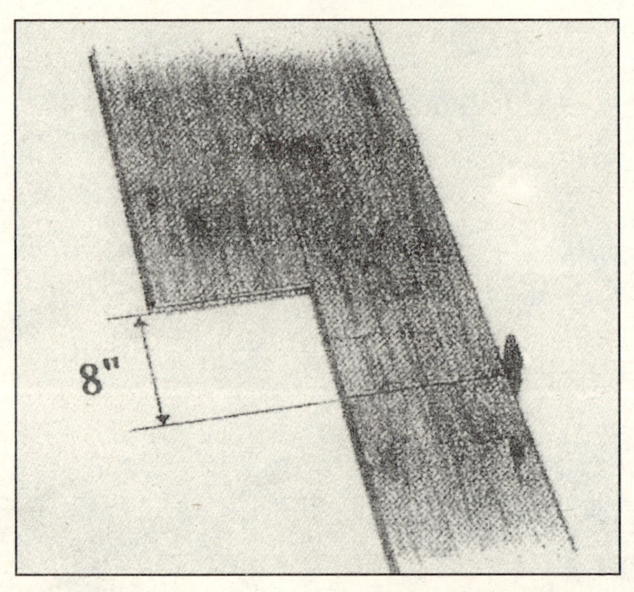

图 2. 13 相邻地板之间的接头保持 8in 的距离

当铺到最后一排时，需要沿着长边切割地板，几乎没有房间是恰好的方形，而且到了最后一排，必须和第一排一样与墙之间留出同样的变形缝。

将一块完整的地板放在已铺好的最后一排地板上，沿着长边划线，确定接头之间最小距离为 8in。沿着墙的边缘放置最后一片地板，沿着标线切割，然后用胶把最后一片木板粘到地面上（图 2. 14）。

图 2.14　如何测量、切割最后一片地板

沿墙放置的定位垫块要保持原位，直到胶彻底干透，至少让地板干燥 12h 再打扫使用。如果在完全干透之前地板被弄湿，水就会进入板缝造成翘曲。如果地板立即使用，脚步产生的压力可能造成地板间开缝和不平整。检查是否有多余的胶或痕迹，马上用湿布擦掉。如果擦不掉的话，用 1/2 杯氨水配 1 加仑水制成的溶液擦拭。

当地板安装好之后，将沿着房间四周的定位垫块取出来，然后沿着房间周边安装遮盖变形缝的压条。安装拼接接头和使用必要的密封剂，密封剂用在地板与洗碗机、水槽、洗碗机前的炊具、洗衣间和外部滑动玻璃门之间。

（2）用钉装法铺设

钉装法最适合木地板垫层和厚度至少有 1/2in 的胶合板垫层。用一根粉笔和直尺在地板四周画出一条 1/2in 宽的标记线，沿着这条线铺设第一排木地板，确保凹槽对着墙（图 2.15）。根据上一节中介绍的铺设原则，纵向干铺地板，从左到右依次铺开，将木地板沿着粉笔划线铺设，每 8in 垂直向下钉一个钉子。

图 2.15 划线钉装最初的一排

钉子要接近凹槽，当压条铺好之后，钉子眼将被覆盖。应预钻孔以免木板劈裂。如果地板厚度为 3/8 in，应该使用 4d 或 5d 型号的钉子；如果地板厚度为 1/2in，应该用 5d 或 6d 型号的钉子；3/4in 的地板厚度，则应该用 7d 或 8d 型号的钉子。

在铺好并钉好第一排木地板后，地板企口露在外面。沿与地面 45°角每隔 8in 钻眼，这样会防止木材劈裂。当钉子钉入木板时，把钉子放到每个钻眼里，把它钉到一半深，再用另外一个钉子垫在上面，用铁锤把剩下部分钉入，直到钉子头稍微低于木板表面。

对于复合地板，准备好一系列切割好的板块，在这些地板背面根据铺设位置做好编号，根据地板的编号一片片地安装。当你铺设远离墙体的地板时，可以用电动敲钉机将地板钉钉好（图 2.16），这将大大简化并加快安装过程。

当接近收尾时，还要用手工钉钉法，根据前面介绍的切割方法完成复合地板的铺设。拔出墙壁周围的定位垫块。如果有必要的话，换掉压条和拼接接头，安装新产品（图 2.17）。

图 2.16　电动钉装法

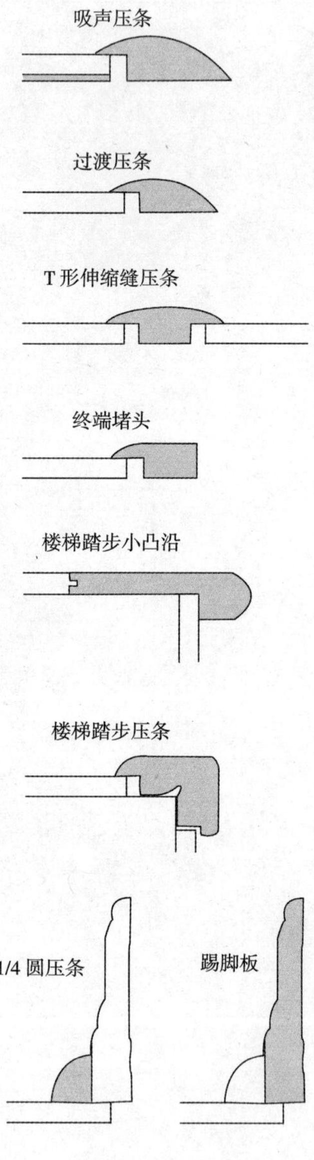

图 2.17 压条和踢脚板的种类

9. 方形复合地板的铺设

开始安装方形复合地板前，至少打开3箱地板并把它们混合在一起，这样会使颜色、样式均匀，使地板更显自然。当讨论到平衡布局和图案时，方形地板稍微复杂一些，其基本布局与条形地板一样，从最长的一堵墙的左边开始铺起。方形地板或者4个角对接或者错开。无论是在走廊还是在房间都应使空间平衡，不能试图在大厅分一边用整板，而在另一边用半块板。

沿房间长度布置一排方板，然后测量最后整块板与墙之间的距离，为保持平衡，那个距离加上方板的宽度之和除以2得到平衡行距方板的尺寸（图2.18）。

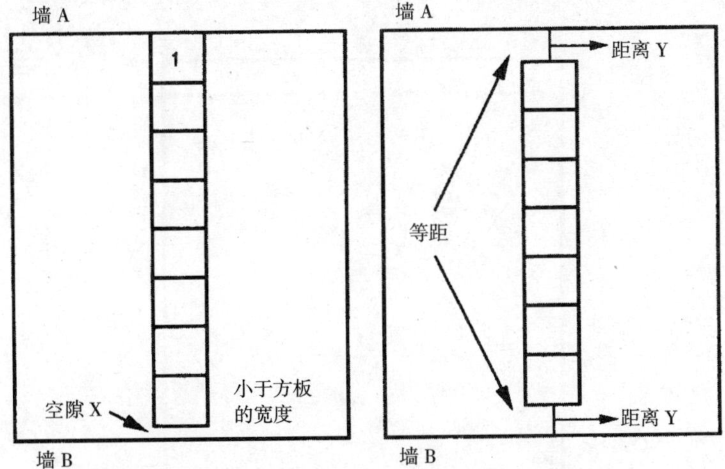

图2.18　布置方板行使长度平衡

用同样的方法确定行方向平衡方板的尺寸，一旦确定了与四周墙体的距离，就用粉笔沿最长墙体标记出平行线（图2.19）。

干铺两排方板，找出长度和宽度方向上它们的接触点，那就是起点，在那里放置一块板，凹槽向左，另一槽边沿粉笔线（图2.20）。

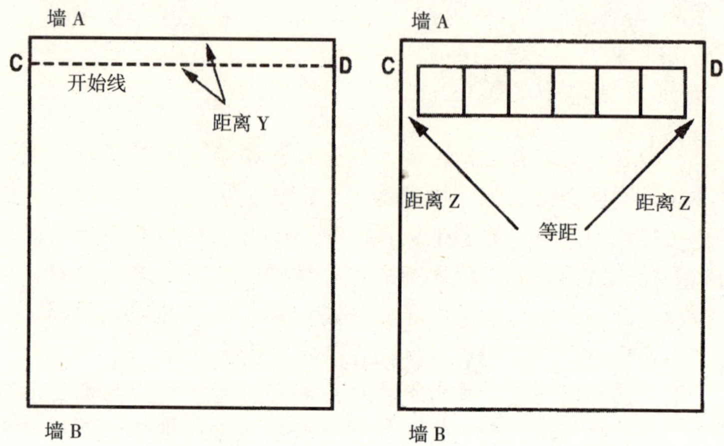

图 2.19 等宽度方板布局和粉笔线的位置

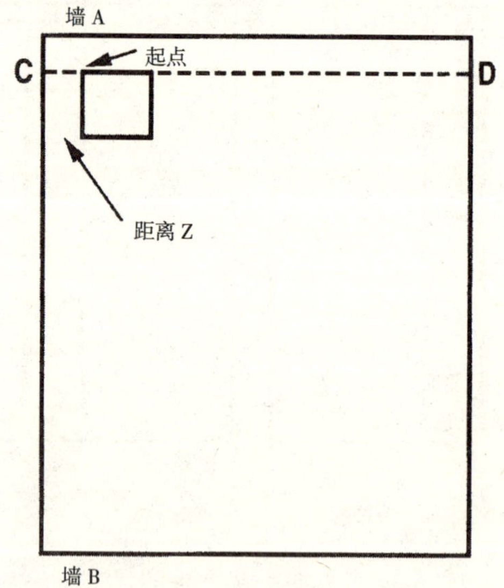

图 2.20 确定起点

先将第一排整地板铺好，然后回头切割半截地板。将一片方板放在整板上，再将第二块地板放在这块方板上，通常要确定凹槽和边线要与下面的地板块相匹配。把方木板贴着墙放置，板与墙之间固定一个 3/4in 的木定位垫块。在上面的板上做个标记，这样能够得到填充该空间地板的最精确尺寸。使用硬合金锯锯开地板，小心锯开以免地板劈裂。在需要铺半截地板的墙边重复这个过程，沿着墙体四周至少留出 3/4in 的伸缩缝。在铺设几整行前完成切割和调整。由于地板必须用胶粘贴，所以地板需要事先切割好。一排一排地铺，并且切记用胶涂满整个凹槽，用木方和橡胶锤轻敲地板，以获得稳固的安装。用湿布擦去地板边上多余的胶。

前两排地板铺好之后，等 1h 再铺剩下的地板，重复上述步骤直到所有的地板都铺完。在需要拼接的地方，用复合地板安装一节中介绍的方法进行切割。一旦胶开始晾干且地板已放置至少 12h 后，拔出房间四周的木定位垫块。清除掉需要更换的压条和脚线，检查每块地板周边上有无多余的胶，如果有的话，用湿布擦干。如果胶已凝固，在 1 加仑水中加入 1/2 杯氨水，用湿布沾上这种溶液反复擦拭，直至胶被除掉。

小窍门

拼花地板一般由碎屑制成，因此切割要特别小心。把拼花地板用夹钳固定在平整宽阔的平台上，用刀锯裁开。为了避免地板碎裂，在被切割的地方用胶带包住，在胶带上重新划线再裁开。胶带能裹紧地板端头，减小破碎开裂的程度。

在地板铺完 6~8 周内，条形或方块地板间的缝隙会发生一定的膨胀，这很正常，也表明铺地板时用了足够的胶。这种膨胀是由于胶被地板芯材吸收引起的，等胶完全固化后膨胀就会消失。

对于铺设任何地板，都要认真计划和正确选择工具。当铺设复合和实木地板时，开始时的方方正正和给每片地板编号非常重要，这会使施工过程进展快速而顺利。

第 3 章 软木地板的铺设

软木地板施工简单、价格便宜，又是天然材质，成为许多广为使用的地面材料的替代产品。这种相对较新地板的样式有：卷材、1ft × 3ft板材或方块。软木地板同样也可以用作其他地面材料如复合地板、硬木地板、瓷砖和其他石材地面的垫层。

1. 软木地板的优点

软木地板由软橡木的树皮加工而成，这种地板具有很强的吸声能力，可以消减室内声音。由于软木地板用天然材质制成，不像其他材质的地板那样带有副作用，不会释放任何气味或微纤维。软木还是很好的绝缘体，踩上去感觉温暖舒服，由于软木是一种多孔材料，它不会囤积灰尘和真菌。软木不会腐烂，容易清洁，是一种十分卫生的产品。

2. 各种各样的软木产品

规格为 1ft × 3ft的软木地板包含三层材质。表层是覆盖有经过紫外线处理的丙烯酸树脂的 100% 软木，这样处理使得软木地板更易清洁、耐久性更强。中间层是预开的榫结构层，同大多数复合实木地板一样，这种结构使得软木地板形成一个联锁体系。最底层是软木底衬，这种软木底衬有较好的吸声和隔热效果（如图 3. 1）。

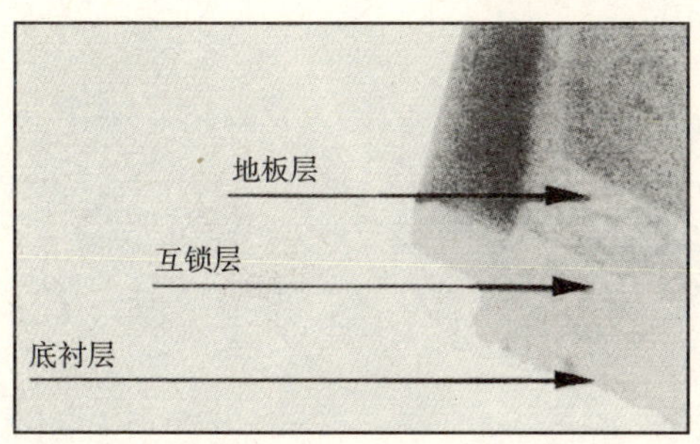

图 3.1　软木地板的分层

软木地板也有适用于地面和墙面的软木块产品，你可以定购任一种类、多种色彩和图案的软木产品（图 3.2）。软木地板通常根据标准或习惯的颜色上色上漆，如果需要，你也可以定制未经饰面的半成品软木地板。

3. 软木地板铺设位置的确定

实际上，软木地板可以铺设在住宅或办公楼的任何一个房间。如果你正希望降低室内声音，软木地板是铺设在家庭用房间的一个不错的选择，即使在使用频繁的地方，如门厅、厨房或洗衣房，软木地板都是可信赖的产品。当地面弄湿或搞脏了，软木地板都不会腐烂或积聚真菌，而且很好维护。切记，软木地板与实木地板一样，都会随着时间的增长而褪色，一定要把软木地板铺设在一个能够避免阳光直射的地方。

4. 软木地板的选用

软木地板有四种类型的产品可供选用：第一种类型是未上漆的、已着色并要覆盖聚氨酯饰面层的软木地板（图 3.3）。这种软木地板是表面着色的方形地板，在使用之前需要将 3～4 层聚氨酯饰面层封在这种地板表面上；这种地板表面带有明显的天然纹

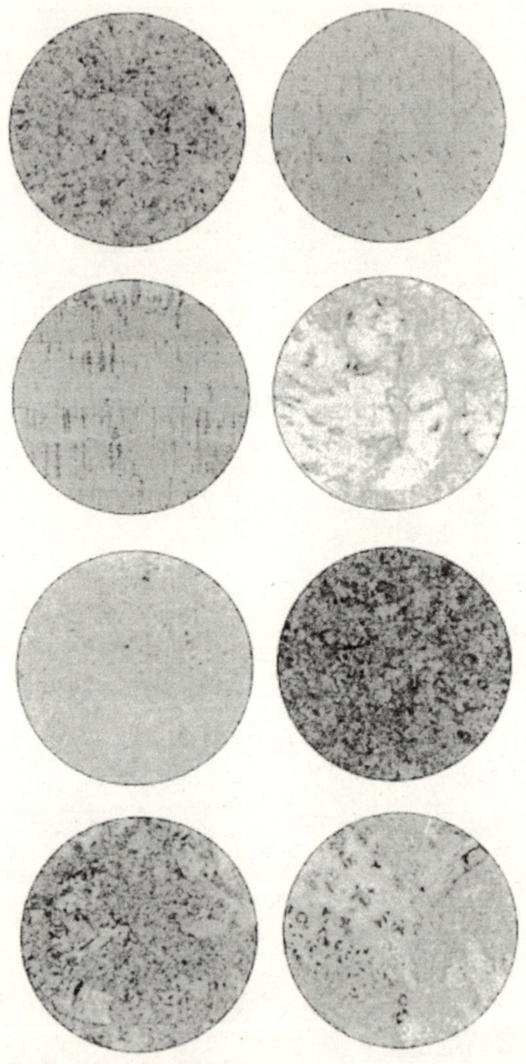

图 3.2 软木地板的多种色彩和图案

理，呈半光滑状。它可以分为方边和斜削边两种；它的背面都预先涂有水基胶粘剂；当铺设方形软木地板时，你必须在铺地板之前把胶粘剂涂在垫层上。

另外一种类型是未上漆、未着色并需要覆盖聚氨酯饰面层的软木地板（图3.4）。这种地板带有天然未经涂饰的表面，而且像其他地板一样，必须在铺设地板之前封上3~4层聚氨酯饰面层来达到封闭表面的效果，其背面都预先涂有水基胶粘剂。

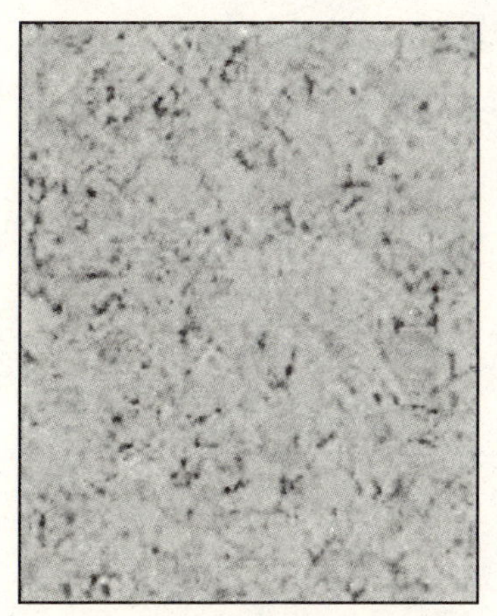

图3.3　未上漆、已着色的软木地板

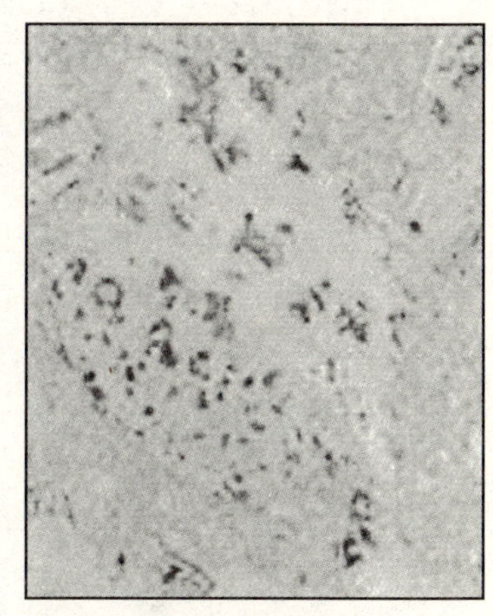

图3.4　未上漆、天然的软木地板

第三种类型是已上漆并有聚氨酯饰面层的软木地板（图3.5）。这种地板预先封好几层低光聚氨酯覆盖层，形成了光滑的表面；这种地板只有方形，背面也预先涂有水基胶粘剂。

第四种类型是已上漆并有聚乙烯基饰面层的软木地板（图3.6）。这种聚乙烯基面层熔合在地板表面上，并用丙烯酸清漆封住表面以防止水分渗透；这种地板表面是平滑的亚光饰面，背面没有预先涂胶，因此在安装这种地板之前仍然需要在垫层表面涂胶。对这种聚乙烯表面还可以进行任意再处理，这样不仅更容易清洁地板表面上的洒落物，还能为地板多增添一层保护。

图 3.5 已上漆并有聚氨酯饰面层的软木地板

图 3.6 已上漆并有聚乙烯饰面层的软木地板

5. 垫层的准备

软木地板可以铺设在混凝土或胶合板垫层上，绝大多数软木地板能够直接在原有的地板上铺设。软木地板还可以用作其他地板的衬垫，这种衬垫可以使声音降低 50dB，使房间更安静，更有私密性。

（1）混凝土垫层

软木地板可以铺设在地平面以上、地平面和地平面以下的任何混凝土地面上。在 $10ft^2$ 大的范围内混凝土地面必须光滑、洁净和平坦，坡度应小于 1/8in。用刮板和找平材料将低洼地方填平，将高凸地方磨平。填充物和找平材料干透后，在混凝土地面上铺上厚度为 6mm 的聚乙烯薄膜，在接缝处至少搭接 8in，并用胶带将重叠处粘牢，确保形成紧密的防潮层。

（2）胶合板垫层

软木地板也可以按照在混凝土地面上铺设的方法铺设在胶合板垫层上。确保胶合板地面光滑、洁净和平坦，用砂纸将凸出的地方磨平，并用木质填充剂将有洞或低洼的地方填平，让填充剂充分干燥，并检查湿度是否合适。

> **小窍门**
>
> 如果湿度超过 14%，你应该在铺软木地板之前铺设聚乙烯薄膜。如果房间处于地下管线或石板之上，最好铺设防潮垫，以避免以后潮气损害软木地板。

6. 软木地板的铺设

这一节讨论如何铺设软木条和软木块，以下是所需的工具清单：

铺设软木地板的工具

√ 桌锯

√ 卷尺
√ 定位垫块
√ 6mm 厚聚乙烯薄膜
√ 聚氨酯清洁器
√ 铅笔
√ 软木地板条或方板
√ 粉笔线
√ 胶粘剂
√ 敲击用的方木
√ 可选——聚氨酯（亚光）封闭层
√ 可选——垫层胶粘剂和涂胶工具
√ 可选——100lb 重的地板碌碾（从当地租赁或硬件中心获取）

7. 软木地板铺设前的准备

同绝大多数天然地板产品一样，软木地板在铺设前必须适应房间环境。将软木地板拆掉包装，放在要铺设的房间里至少放置72h，在这一段时间内保持温度、湿度或空调水平与房间的正常环境一致。

切记，软木地板是天然产品，像木材一样会在色调和图案上有差异，与实木的膨胀率基本一致。当湿度大时，会发生微小的膨胀；湿度小时，会发生微小的收缩，膨胀和收缩都发生在季节交替的时候，例如：冬季湿度减小，房间变得干燥；夏天湿度增大，房间随之变得潮湿。

（1）条形软木地板的铺设

条形软木地板无需用胶粘在垫层上，这些地板靠自身重量和榫舌结构紧密地结合在一起。

同铺设其他地板一样，开始前要将房间周围的踢脚线和压条拆除。然后，以最长的墙为基准，地板条应与该墙平行，沿墙四周量出距墙1/2in的距离并用粉笔画一圈线，留出变形缝的位置，为第一排地板条定好位置。至少将3箱地板条混合，以在整个工程中达到均匀的色调和图案。从房间的左边开始一直铺到右边，带凹槽的那边朝墙。把地板条沿粉笔划线排齐时，在距墙1/2in的地方，每一块地板条边上放2个定位垫块。当铺设到第二排地板条时，这些定位垫块能起到防止第一排地板条移动的作用。

你可以先通过干铺地板条来设计布局。就像其他材质的地板条一样，条形软木地板应错缝排列，一定不能让相邻两排的接头在一条直线上。小心测量要切割地板的尺寸，然后按照地板条排列的顺序在地板条背面做好切割标记。

一旦布局设计好了，该切割的也已切割完毕，给前几排地板编好号之后，就准备安装了。先铺好最先编号的地板条，把胶涂在木榫里以及要和别的地板相接触的短边上。

在铺设第二排软木条时，这排地板的舌边不能涂胶，只能把胶涂在榫边上，再用木锤轻敲使两块板结合在一起。注意不能使用铁锤敲击，通常使用木锤。一旦软木条稳定，可以接着铺设下一块地板条，一排接一排，一块接一块，直到铺到墙边。当铺到最后一排时，很有可能要沿长边切割地板。

小窍门

切割软木条最好的工具是带有锋利齿式刀片的桌锯，切割时将软木条上漆的一面朝下，这种方法有助于避免软木条端头碎裂或劈裂。

沿着粉笔画线铺设并小心切割，留出1/2in宽的变形缝。让胶干燥至少24h，然后将房间四周的定位垫块拔掉。如果地板表面上有多余的胶，将湿抹布沾上矿质油漆溶剂擦掉即可。

（2）方形软木地板的铺设

同条形地板一样，方形木地板块必须适应房间的新环境，至少放置72h才能达到与房间相同的温度和湿度。

软铺设之前，需要给垫层上底漆。无论哪种垫层，必须在铺设软木块之前，涂好天然的水基垫层漆。将底漆倒在涂料盘中，用短绒毛辊子在整个垫层表面上涂刷一薄层底漆，在正常的温度和湿度下需要 45min 的时间底漆才能干透。在垫层上涂胶之前，一定要保证底漆完全干透。

像上底漆一样在垫层表面上涂刷胶层，将胶倒进涂料盘中，用短绒毛辊子每次在面积为 $50ft^2$ 的地方涂胶，形成连贯的、有光泽的薄胶层即说明所涂的胶分量足够，这层胶层干燥需要 20 ~ 30min，而铺设软木块需要在 1h 内完成。如果毛地板是渗透性质的，则需要涂两次胶。

当设计方形软木地板的布局时，最好使用错缝接头的方式铺设。和条形地板一样，要至少混合 3 箱软木块，使得色调和图案较为均匀。距墙留出1/4in的变形缝，将定位垫块放在房间四周以保持稳定。

用粉笔沿房间四周画好距墙1/4in距离的标线。一排接一排、一块接一块地开始铺设，这种预先涂胶的软木块能够很快地粘合在垫层上，因此一旦铺好第一块软木块，就为剩下的软木块定好了标准，将软木块一个挨一个放置好，用木锤轻敲，使其接缝稳定地连在一起。由于木块之间要留出空间供其膨胀变形，所以不能将软木块紧密地压在一起。

小窍门

切记软木地板是渗透性强的材料，如果软木条或软木块未被封好，将会吸收底漆、水或其他液体。等到封好所有的封条以后，才可以往地板上放置湿东西。在铺设软木地板之前，让底漆完全干透，否则软木地板将会吸收下面的底漆而发生翘曲。

地板全部铺好之后，应用 100lb 的地板碾从各个方向碾压地板几次。放置一夜之后，再在多个方向上碾压多次。然后上封闭层。在商用环境下，建议做 4 道封闭，家用环境至少要做 3 道封闭。

当做完最后碾压，在正式使用前要至少放置 24h，将各种必要的木线和压条重新装好。如果地板表面上有多余的胶，将湿抹布沾上矿质油漆溶剂擦掉即可。

对于软木条或软木块，建议使用水基聚氨酯密封剂。除非是专门定制的免漆软木地板，否则即使使用了工厂生产的标准密封剂，也要多上一层封闭层，这样做只会提高其表面性能，并且对于未经保护的接头处而言，也能防止污物和水的渗漏，从而起到保护作用。

软木地板简单实惠，适用于任何房间，而且一旦掌握了铺设工艺，软木地板铺设既快又简单。

第 4 章
硬木地板的铺设

过去 10 年，硬木地板很快地赢得了房主的青睐。从节约角度讲，硬木地板非常划算，地毯、瓷砖和其他的地面材料每隔 5 年左右需要更换一次，而硬木地板寿命较长，最初的花费很快就能物有所值。硬木比地毯、瓷砖这些容易沾染污垢的材料更容易全面清洁，同时，硬木地板还能使房间显得高档，隔声性能比其他众多的地面材料都要好。

房地产代理机构最近的一份全国性调查说明：58% 的房子有硬木地板，这些房子比没有铺硬木地板的房子售价要高。装有 $500ft^2$ 的硬木地板可以使房子增值 5%。安装硬木地板比复合地板复杂，技术要求较高，但是，只要有合适的工具和丰富的经验，安装硬木地板也会既快又好。

1. 硬木地板的类型

硬木地板可分为四种：

拼花地板、素实木地板、漆装实木地板和工程用已漆装地板。

(1) 拼花地板

拼花地板由木条拼成的方块构成（图 4.1）。这种硬木地板最便宜，可以用胶粘在垫层上。与其他实木地板相比，拼花地板较难整修，寿命相对较短。

(2) 素实木地板

素实木地板即未上清漆的白木板（图 4.2），必须钉在木垫层

图 4.1　拼花地板

图 4.2　素实木地板

上。有不同等级、树种和板条宽度可供选择。这种地板价格便宜，但是对地板着色、上漆花费大，耗时多且复杂，油漆地板必须在现场进行，整个过程需 3～5 天才能完成。粉尘和刺鼻的油漆味道要到油漆干透、腾清现场才能消失。

（3）漆装实木地板

已漆装实木地板是已砂光、油饰并贴有聚氨酯薄膜的木板条（图4.3）。这种地板也有不同色彩、种类和板条宽度可供选择，它可能是安装最简单、最快捷的硬木地板。

图4.3 已漆装实木地板

（4）工程用漆装地板

开发出的工程用已漆装地板能铺设在水泥地板上（图4.4），地板条由一片实木放在一层胶合板上组成。木条的结构层厚度和普通的硬木地板条一样，但具有更稳定的抵抗湿度变化的抗变形能力，这种地板也可以粘、钉在胶合板垫层上。质量最好的工程用已漆装地板不比普通硬木地板差，甚至超过普通的硬木地板，可以铺设在住宅的任何一个房间或商用建筑中。

2. 硬木地板的种类

根据需要的颜色、纹理不同，有多种硬木地板可供选择，且要严格按照铺设所需要的颜色和图案进行选择。木材的硬度不应

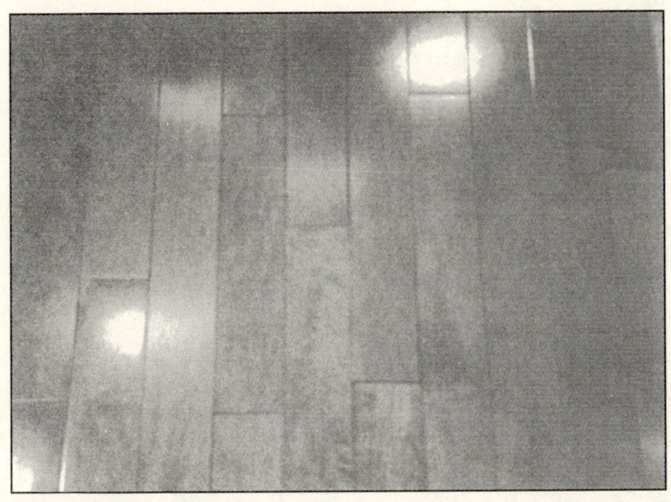

图 4.4　工程用已漆装地板

成为选择住宅地板的一个标准，木材的相对硬度根据一个名为 Janka 的工业测试法得出。在相应的 Janka 图表（图 4.5）中，数值越高，说明材质的硬度越大。

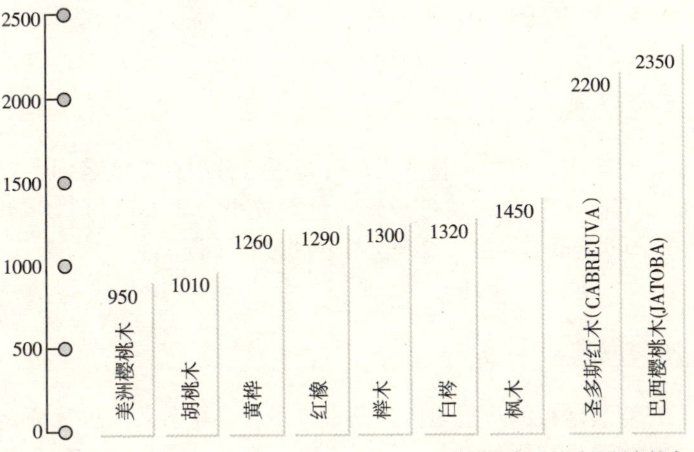

图 4.5　Janka 测试法表格

关于如何选择木材的种类，这里有一些建议。如果你想要细微、自然的纹理，枫木很合适，它能给人一种非常淡，且清晰一致的颜色。如果选择橡木或白梣，自然纹理会有非常明显的色差。胡桃木和一些外来树种的颜色比前面提到的材质要深。图 4.6 中列出了几种木地板常用的硬木和软木树种。

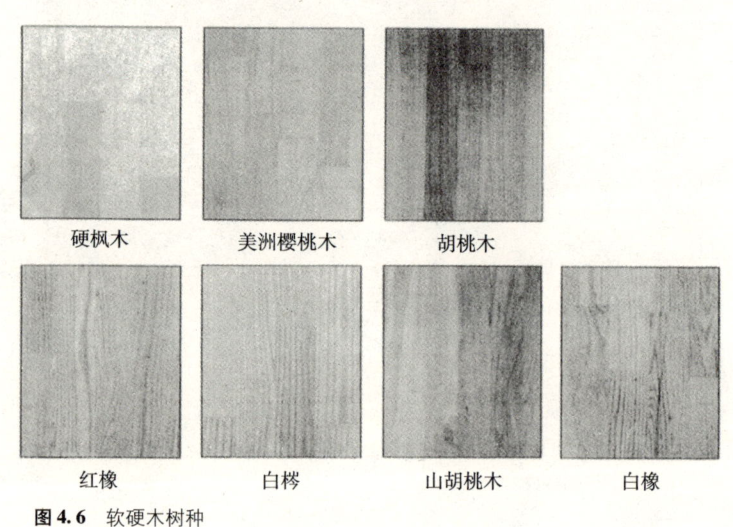

图 4.6 软硬木树种

3. 木材等级

木材等级是根据木材的天然外观进行分类的专业名词。“Select and Better”等级颜色一致，色差较小。如果选择“Rustic”或“Traditional”等级，纹理会有较明显的不同。

4. 木材颜色

已漆装地板的可选规格和色彩较多，多联系几家供货商，看哪家能提供最适宜的颜色。一定要检查颜色是否一致，着色是否布满整个表面，包括微 V 接头。

小窍门

在挑选地板产品时，对同一树种比较两个不同等级的两块样板，这样很容易看出差别来。成箱的木地板运到安装地点时，一定要在同一箱里比较几块地板。有时候，供货商在价格上让步，但却在同一箱里混合了不同等级的地板，最终，你会花费更多的钱，因为你要买更多的木地板来弥补这个失误。

一些外来树种在显露出真正的自然色彩之前，需要一段时间的成熟期。如果你检查一个箱子，注意到颜色差异的话，不要担心，在几个月之内，颜色会变得自然的。

5. 地板条的宽度

地板条的宽度为2～3¼in（图4.7）。地板条宽度的选择在很大程度上决定了地板整体的外观。而且越窄、越长的地板条铺起来越慢、越烦。如果选择较窄宽度的地板条，地板的图案和纹理很容易被忽视。如果选择较宽的地板，任何纹理或标记都会成为被注意的焦点。有时可以选用两种不同宽度的地板，但是只有经验丰富的安装工人才可以铺设。

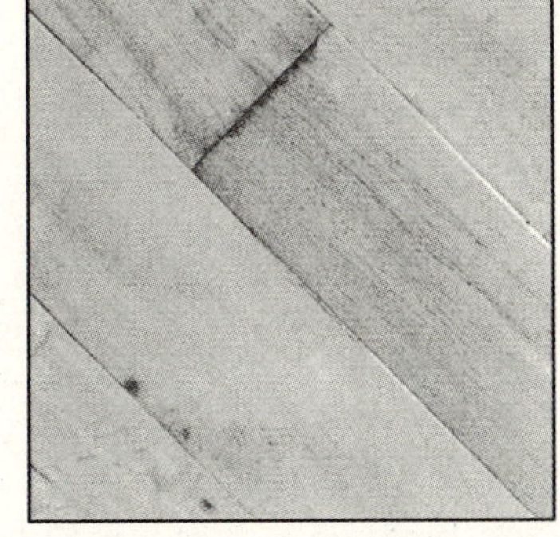

图4.7　地板条的宽度

6. 微 V 接头

不管是木地板还是已漆装地板，任何一种硬木地板条成品都有一种拼接形成的构造，即微 V 接头。所有的地板条都必须榫咬合适、齐平光滑，因此，接头必须简洁。当两片地板放在一起，就形成一个微 V 接头。一旦合成为一个平面，接头应当紧密，所有铺好的地板条表面厚度应该一致。微 V 接头不能太深，那样容易积土，必要时修整地板也很困难。

地板板面接缝平滑使板边损耗减少到最低点，而且便于移动家具。一定要检查板边的厚度是不是一样，最好的测试方法是，安装前把一些地板放在一起，用手抚摸地板，检查平整度。

7. 测量地面面积

一旦地板的等级和宽度确定了，就必须测量地面面积。计算地面面积，用长乘以宽就行。如果铺设地板的房间形状不规则，将整个面积分为几个部分分别计算，把所有的面积加起来，就得出总的面积，还要加上 10% 的损耗。图 4.8 是一张计算房屋面积的简表。木地板条按包出售，每包包含一定面积的地板。木地板砖则在每箱砖的外包装上写清面积数。

> **小窍门**
>
> 如果在一间湿度变化较大的房间铺设地板，窄条地板较为合适。当地板受温度变化影响而变形时，大量的接头能够分散这些变形。

8. 硬木地板铺设所需的工具

各种类型硬木地板和预加工木地板安装时需要的工具列在以下清单中，包括测量、切割和安装等不同用途的工具。

平方英尺

房间长度 \ 房间宽度	8′ 2.44m	10′ 3.05m	12′ 3.66m	14′ 4.27m	16′ 4.88m	18′ 5.49m	20′ 6.10m	22′ 6.71m
8′ 2.44m	64 / 5.95	80 / 7.43	96 / 8.92	112 / 10.41	128 / 11.89	144 / 13.38	160 / 14.86	176 / 16.36
10′ 3.05m	80 / 7.43	100 / 9.29	120 / 11.15	140 / 13.01	160 / 14.86	180 / 16.72	200 / 18.58	220 / 20.45
12′ 3.66m	96 / 8.92	120 / 11.15	144 / 13.38	168 / 15.61	192 / 17.84	216 / 20.07	240 / 22.30	264 / 24.53
14′ 4.27m	112 / 10.41	140 / 13.01	168 / 15.61	196 / 18.21	224 / 20.81	252 / 23.41	280 / 26.01	308 / 28.63
16′ 4.88m	128 / 11.89	160 / 14.87	192 / 17.85	224 / 20.82	256 / 23.80	288 / 26.77	320 / 29.74	352 / 32.72

房间宽度

图 4.8　房间面积计算表

工具清单

√ 圆锯——用来拆除旧地板、切割新地板

√ 刀锯——当铺到一排地板的尾端时，用于将预加工木地板切边。

√ 电钻——为螺钉进入木板中打孔

√ 钻头——用来给木塞打眼或者用于混凝土垫层圬工钻孔

√ 电动斜切锯——有助于以需要的角度切割木板

√ 门柱锯——用于切割、修剪门框

√ 水平仪

√ 粉笔线

√ 木工角尺

√ 卷尺

√ 带柄凿——用它翘起旧地板和踢脚板

√ 万用刀

√ 电动敲钉机

√ 手刨

√ 填缝枪

√ 橡胶锤

√ 拔钉锤

√ 冲钉器

√ 规则直边铲——用来铲平混合物

√ 放胶粘剂的 V 形铲

√ 敲打用的木方

√ 灰刀——在胶粘剂放入 V 形槽口之前，用它往垫层上抹胶

并不是在每次安装中用到上述所有的工具，要根据垫层的类型以及是否使用胶粘剂、钉子或胶水而定。确保这些工具就在手边，以免要用时找不到而耽误施工进度。

9. 垫层

硬木地板下面有三种类型的垫层：胶合板底衬、塑料泡沫、防潮层。

（1）胶合板垫层

当要在已有的木垫层、木龙骨或水泥板上铺设地板时，应该铺一层新的5/8in厚的胶合板垫层。

直铺式胶粘拼花地板可以直接粘在水泥地面上，所有其他的硬木地板都需要一层胶合板垫层。混凝土板可以简单地用 2in × 2in的木龙骨垫高，用电钻为锚栓打眼，锚栓可以将木龙骨固定在水泥地板上。用 7 号或 9 号螺钉拧在锚栓上固定龙骨，一旦木龙骨被固定好，在木龙骨上抹好胶，把胶合板放在木龙骨上。根据气候不同，可以在 2in × 2in木龙骨之间铺上薄的泡沫隔离层。

胶合板铺好之后，需要用1¾in长的钉子将其固定在木龙骨上。铺胶合板要错开接头，确保板角不相交。沿着整个地板周围和 2in × 2in木龙骨上每隔 5 ~ 6in钉一个钉子。一定要使所有钉头低于胶合板面层，用木材填充剂填平，确保表面平滑。

如果在弹性地板或瓷砖上铺新地板，需要在原有地板上面铺一层5/8in厚的胶合板。裁剪胶合板铺设在旧地板上，一定要平整、光滑、干净。在铺新地板之前，任何一个缝或洞都要填平并

晾干。胶合板之间留出1/8in的伸缩缝就已足够膨胀和收缩，确保胶合板之间边角不要顶在一起，沿着四周和缝隙每隔 6in 钉一个钉子，使用2¼in 长的钉子或螺钉固定住胶合板。钉子钉进去后，就要确保钉头低于胶合板表面，再用木材填充剂填平。

（2）塑料泡沫

塑料泡沫垫层主要应用于工程用硬木地板。不需要上胶，因此地板条直接放在泡沫垫层上面，这种垫层隔声效果很好，使地板的隔声性能增强。

（3）防潮层

铺任何一种垫层之前，都要测试一下湿度问题。硬木地板最大的敌人就是水分和湿度。水分的变化可能引起开裂、地板移动、翘曲和扭曲。如果你将硬木地板铺设到地平面下，很可能有潮湿问题。水分也能通过洗衣房或者通道进入房间，如果原来的地板潮湿，铺设新地板时，也会存在潮湿问题或者需要修理。测试湿度的一个比较好的方法是拿一片塑料胶带，贴到地板上，过24h 之后，或者胶带上有水分，或者地板变色，都说明存在潮湿问题。另请专家在开始铺设地板之前，找到潮湿根源，并解决问题。

无论是水泥垫层还是木垫层，都要在垫层上铺设防潮垫，这将确保新地板免受潮湿的影响。硬木地板的伸缩变形和水分含量的关系见图 4. 9。

根据铺设地点气候的不同，水分含量也随之变化。如果在海湾地区，水分含量在 11% ~13% 之间。在落基山西部地区，水分含量为 4% ~8% 。内部影响诸如温度设置、淋浴和开放式房间散发的湿气都会影响水分含量，特定温度和湿度下木材的含水率见图 4. 10。

在安装之前，了解潮湿问题有助于避免将来发生问题，保证硬木地板的使用寿命。一旦选定垫层，就要开始准备铺设。所有的垫层都必须尽可能地干净、平整。如果有洞或缝隙，必须用木材填充剂填满，并用砂纸打磨平。如果垫层上有鼓起的地方，必须刨光或用砂纸磨光，形成一个平整的表面。

干球温度华氏(℉)	相对湿度（%）																			
	5	10	15	20	25	30	35	40	45	50	55	60	65	70	75	80	85	90	95	98
30	1.4	2.6	3.7	4.6	5.5	6.3	7.1	7.9	8.7	9.5	10.4	11.3	12.4	13.5	14.9	16.5	18.5	21.0	24.3	26.9
40	1.4	2.6	3.7	4.6	5.5	6.3	7.1	7.9	8.7	9.5	10.4	11.3	12.3	13.5	14.9	16.5	18.5	21.0	24.3	26.9
50	1.4	2.6	3.6	4.6	5.5	6.3	7.1	7.9	8.7	9.5	10.3	11.2	12.3	13.4	14.8	16.4	18.4	20.9	24.3	26.9
60	1.3	2.5	3.6	4.6	5.4	6.2	7.0	7.8	8.6	9.4	10.2	11.1	12.1	13.3	14.6	16.2	18.2	20.7	24.1	26.8
70	1.3	2.5	3.5	4.5	5.4	6.2	6.9	7.7	8.5	9.2	10.1	11.0	12.0	13.1	14.4	16.0	17.9	20.5	23.9	26.6
80	1.3	2.4	3.5	4.4	5.3	6.1	6.8	7.6	8.3	9.1	9.9	10.8	11.7	12.9	14.2	15.7	17.7	20.2	23.6	26.3
90	1.2	2.3	3.4	4.3	5.1	5.9	6.7	7.4	8.1	8.9	9.7	10.5	11.5	12.6	13.9	15.4	17.3	19.8	23.3	26.0
100	1.2	2.3	3.3	4.2	5.0	5.8	6.5	7.2	7.9	8.7	9.5	10.3	11.2	12.3	13.6	15.1	17.0	19.5	22.9	25.6

图 4.9 含水率造成的收缩和膨胀

根据平锯宽度可能发生的平均变化（切面）

2～1/4in 厚的橡木地板

木材含水率的变化	可能引起的最大宽度变化
1%	1/128″
2%	1/64″不足
3%	1/64″充分
4%	1/32″不足
5%	1/32″充分
6%	3/64″不足
7%	3/64″充分
8%	1/16″不足
9%	1/16″
10%	1/16″充分
11%	5/64″
12%	5/64″充分
13%	3/32″
14%	3/32″充分
15%	7/64″
16%	7/64″充分
17%	1/8″不足
18%	1/8″充分
19%	9/64″不足
20%	9/64″充分
21%	5/32″
22%	5/32″充分
23%	11/64″不足
24%	11/64″充分

图 4.10　固定温度与不同湿度的木材的含水率

10. 条形硬木地板的铺设

地板垫层确定后，就可以着手准备铺设地板了。铺装前，新地板存放在需要铺设的房间里适应环境，这能使木地板与房间的温度和湿度一样，在铺设过程中地板不会发生收缩和膨胀。根据房间的条件，把木地板在室温下放置 48～96h，不必把每一片地板单独放置，但是每一片地板都要充分暴露在空气中，以使其适应室内环境。

下一步，将房间四周的踢脚板拆掉。使用撬棍小心地拆，等铺好地板之后再将这些踢脚板装上。拆踢脚板时要小心不要蹭坏墙皮，可以在撬棍与墙体之间放一块毛巾。同时，在门框下进行必要的切割，使硬木地板结合紧密。

11. 用钉固定铺设硬木地板

沿最长的一面墙开始铺设地板，在房间四周留出距墙3/4in的伸缩缝，在铺设工程收尾时（图 4. 11），这圈伸缩缝将被踢脚板和压条所覆盖。硬木地板条的方向应该从龙骨开始确定角度（图 4. 12），通常这样做会获得最好的外观效果，并能保证最大承载力。

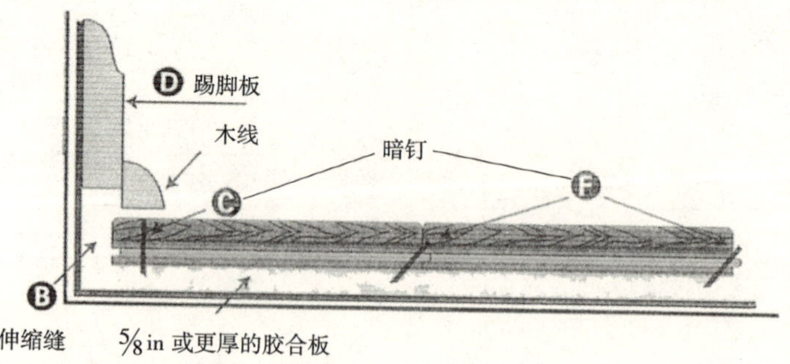

图 4. 11 钉法铺设时在踢脚板下面预留伸缩缝

当挑选硬木地板条时，保证周围地板条的颜色和图案尽量与附近的相匹配，把那些少数的颜色较深或图案较花的木板条铺在不太引起注意的地点，例如衣橱或其他家具器物的下面。将第一块硬木地板条带凹槽的那边朝墙放置，用平头小钉把它钉好（图4.13）。

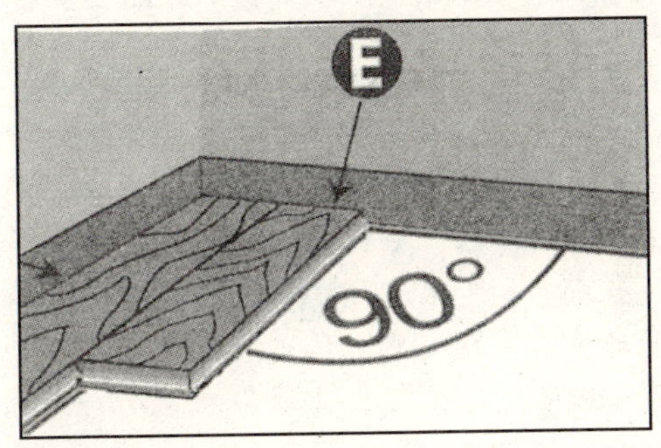

图4.12　在90°角的地方铺设地板

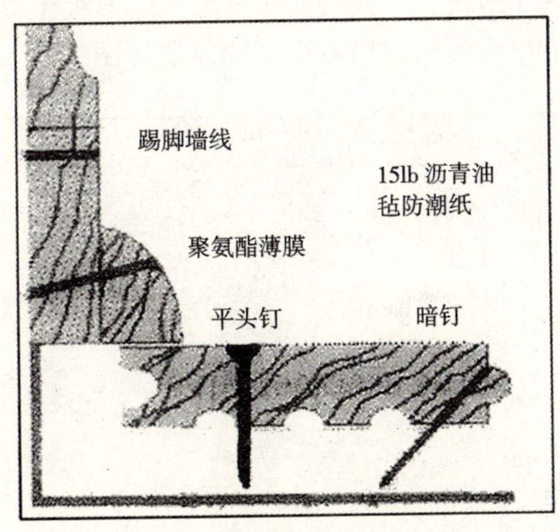

图4.13　在铺设第一块硬木地板条使用平头钉

将平头小钉尽可能贴着墙壁钉到地板中去，等到距墙稍远时，就可以使用电动敲钉机。

第一块硬木地板条钉好之后，把第二块硬木条至少切掉6in，地板条的端头不能相互对齐，这样做可使整个地板铺好后有一种自然和谐的外观，并能减少可能的受力集中。所有的硬木地板条都是榫结构，因此，只需将凸边与凹边扣在一起，再在朝外的凸边上钉上钉子，沿着硬木地板条每隔4in钉一个1½in长的钉子，最后，距前一个钉子2in以内的地方不能再钉钉子，否则会引起木材劈裂，确保在每块硬木条上至少要钉2个钉子。整个铺设进程就是不断地重复这个过程。

小窍门

如果在宽度超过20ft的地面上铺设地板，应该将这种地面作为特殊情况考虑，铺设地板的起点不是沿着最长那面墙开始，而是从房间中心开始，用钉子将最先铺的地板条的凹槽钉好，在滑动榫舌上抹好胶，沿着相反方向铺设地板条，留出伸缩缝，伸缩缝给地板留出变形移动空间，并且避免地板发生干缩翘曲和扭曲变形。

如果需要在地板上开洞（口），在一块模板上画出要切割的形状，再用手锯或槽刨锯掉不需要的部分（图4.14）。

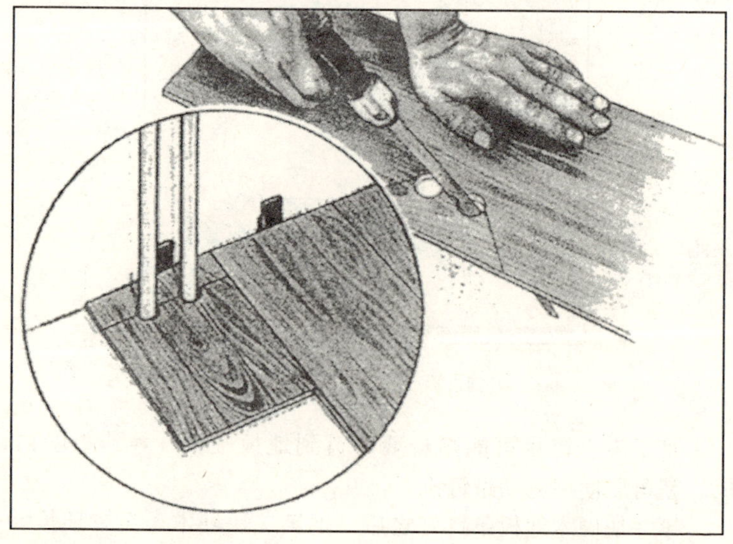

图4.14 使用模板开洞（口）

小窍门

如果垫层是混凝土板上面覆盖胶合板的情况，应使用长度不超过1½in的钉子。钉完第三轮钉子以后，你就可以改用电动敲钉机，这种机器能使钉子钉好后的钉子头埋在木地板中，所以无需再用压钉器把钉子敲进地板表面以内。当使用电动敲钉机时，推荐使用1½in的钉子，而不用2in长的钉子，因为较长的钉子可能伸到胶合板的底部，会将下面的防潮层损坏。

当你铺设最后一排硬木地板条时，你将不得不对地板条做不均匀切割。取一片硬木条，把它面朝下放在另外一块硬木条上，用粉笔沿着木条长边做好标记，根据所做标线切割最后一块板。一旦切割完毕，用手工钉法将这片地板钉在相应的位置上，然后再沿着房间四周装好压条和踢脚板（图4.15）。

12. 胶粘法铺设硬木地板

同钉装硬木地板方法一样，胶粘法也必须确定起始线。沿着最长的墙壁向外测量31in长的距离，用粉笔画一条线，沿着这条粉笔线把一块1ft×2ft×8ft的松木钉好，这块木板决定第一排地板的位置，按照厂商的说明把胶直接刷在垫层上。

胶粘剂干燥的时间因温度和湿度的不同而不同；如果在刷胶后2h之内不能完成全部铺设，那就先不要刷胶。沿45°角方向刷胶，用锯齿铲侧面把胶刮成薄薄一层（图4.16）。胶太多会使地板表面不平，而且在铺其他地板时，会造成地板移动。

把第一块地板条放好，让凸沿朝墙，通常按照从左至右的顺序铺设。依照榫结构把地板条连续地放在一起，用橡胶锤把地板条轻敲在一起，然后再把地板条压进胶粘剂里。除非需要切割，否则一直铺设整的地板条，直至铺完一排。在沿着墙壁铺设最后一排地板条时，一定要留出3/4in的伸缩缝。不断重复这样的安装过程，注意不能让任何相邻的端头成一条直线对准。当铺设到最

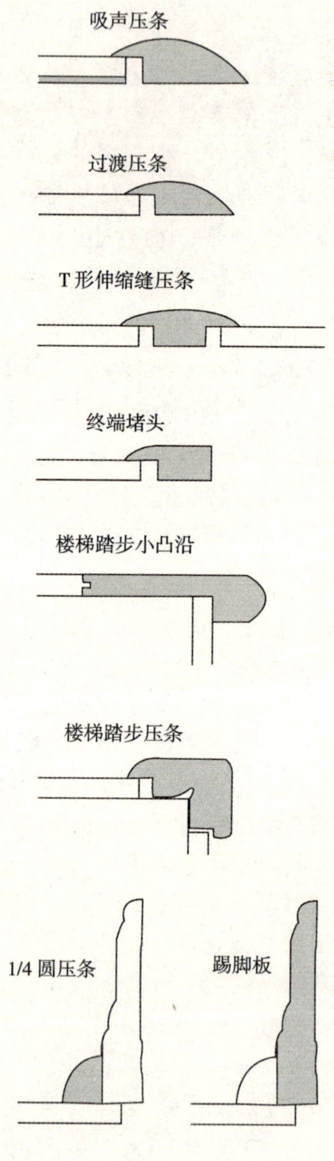

图 4.15 更换踢脚板木线

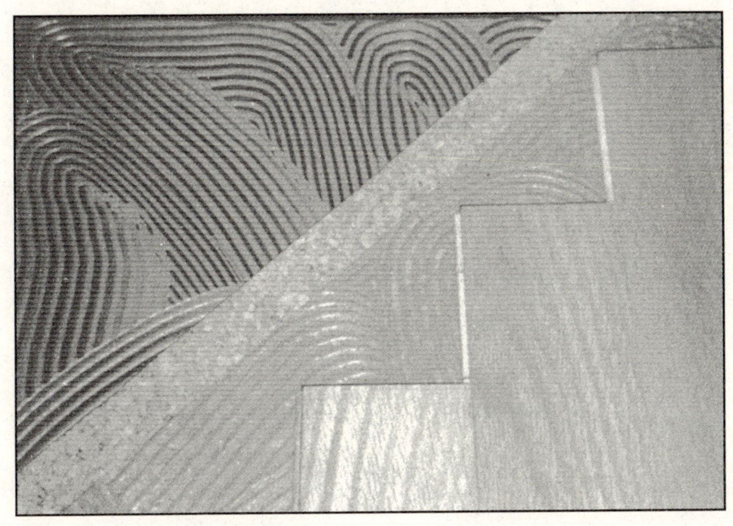

图 4.16　在开始的木板条上刷胶

后一排时，使木板条与墙平行。如果不平行，则需要切割硬木条来完成这排地板的铺设。取一片硬木条放在下面，另外一块面朝下放在这块硬木条上面，用粉笔标出切割硬木条合适的角度。

一旦硬木条切割好，手工将这片地板钉在相应的位置上，这样就完成了铺设过程。如果地板条需要开洞（口），在一块模板上画出要切割的形状，再用手锯或槽刨锯掉不需要的部分。地板铺完之后，沿着房间四周重新装好压条和踢脚板。硬木地板条的凹槽里不能有任何胶，沾上胶后会影响排与排之间直接紧密地锁在一起，如果硬木地板条表面有多余的胶，用湿布擦掉，如果胶已干了擦不掉，则使用溶剂或矿质油漆溶剂。

13. 拼花木地板的铺设

拼花地板有两种铺设方法：或者与房间一样横平竖直地铺，或者沿 45°角方向铺设。这两种方法都需要先在垫层上铺一层胶粘剂，每加仑胶粘剂可铺 35 ~ 40ft的地面。让胶粘剂经过一晚上的时间彻底干燥，才能在上面用粉笔划线。

14. 方形布局

在铺设方形布局时，不以墙作为基准线，因为绝大多数墙壁并非绝对方正的，因此距房间门先量出大约 3～4ft的距离，在距门有 5 块硬木块长度的地方画一条粉笔线，然后找到这条直线的中点，再垂直于这条直线画另外一条直线，用后画的这条直线作为整个铺设过程中保证地板铺设方正的基准线（图 4. 17）。

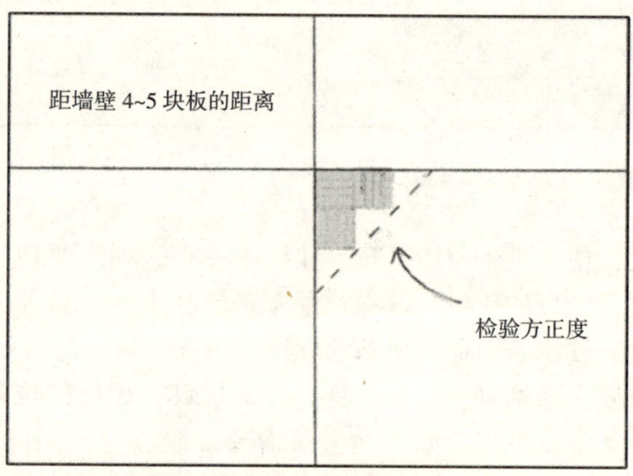

图 4. 17 方形拼花地板布局时画的粉笔线

> **小窍门**
>
> 检验方正度的一个好方法，即在一条直线上量出4ft长的距离，在与它垂直的另一条线上量出3ft的距离，这两点之间的直线距离应该是5ft。

对角布局

从房间的一个角落沿着两面墙测出相等的距离，将这两点连成一条直线。该线作为基准线，从基准线的中心，垂直于基准线画一条直线，即试验线（图 4. 18）。

绝大多数现有的拼花地板图案都可以根据这两条基准线来铺

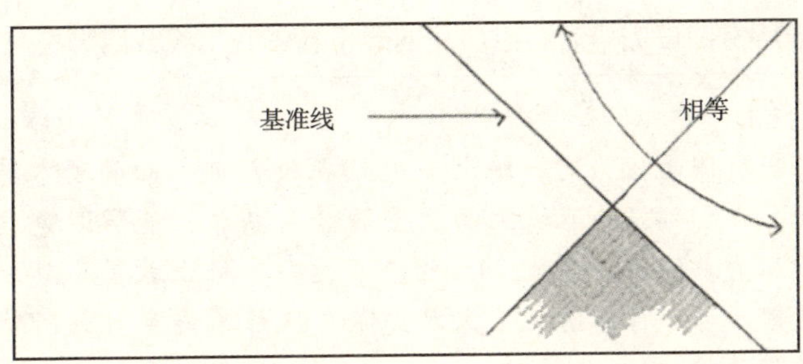

图 4.18　对角线图案布局

设。人字形图案需要两条检验线，一条即与基准线垂直的那条线，另外一条经过同样的交点，与这两条线都成45°角。

对于任何拼花木地板，通常选用金字塔形或楼梯踏步图案，而不用直排式，这样会获得较自然的外观，还能隐藏拼花地板的任何偏差。在基准线和检验线的交点处铺设第一块硬木地板，然后沿着粉笔线在第一块硬木地板的前边和正面连续铺设，按照楼梯踏步方法继续铺设，确保硬木块的边角直线互相对准。

要铺设四分式图案时，每开始一部分都要回到基准线和试验线，直到全部铺完为止，从基准线到门之间铺设最后一部分（图4.19）。把房间四周的木线和踢脚板全部清除，留出3/4in宽的伸缩缝。

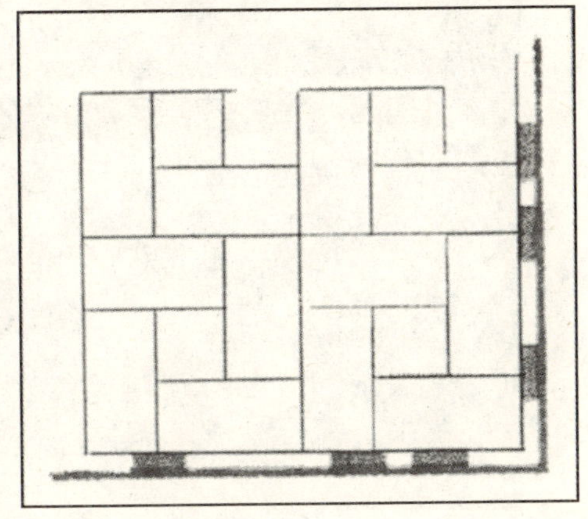

图 4.19　四分式布局

如果在走廊或长宽比超过1.5倍的房间内铺设硬木拼花地板，推荐使用对角线图案，这种图案在湿度较大的情况下变形很小。在管道或通风口需要开口（洞）的地方使用模板，然后用手锯或槽刨切割。当所有铺设完毕后，沿房间四周重新铺设木线或踢脚板。

小窍门

当有侧面压力时，绝大多数铺在胶粘剂上面的硬木板会滑动，在已铺好的地板上面放置胶合板拼板，能够避免这种侧面压力。同时，至少24h之内不能在地板上放置家具和进行任何活动。特殊情况下，需要碾压地板来避免任何可能发生的移动。

15. 特殊或镶嵌木地板

铺设镶嵌地板需要经验丰富的专业人员，镶嵌地板能够显著地改善地板的外观。你可以在地板全部面积内或者只在周边采用镶嵌地板。镶嵌装饰材料可以大量来自外国产的木材，诸如巴西樱桃木、黑檀木、波纹枫木等很多种（图4.20）。

图4.20 硬木镶嵌地板示例

铺设镶嵌地板费用非常昂贵，也极其耗时，但是会使地板卓尔不群。在现有地板上镶嵌装饰件需要用精密槽刨从硬木地板上切割5/16in厚度。镶嵌装饰件是由切割空间的镶木地板制成，然后粘贴在槽刨刨出的地板凹处。绝不能用钉子把任何镶嵌型装饰件钉到现有地板上，通常使用胶粘法。

16. 为素板上漆

绝大多数硬木地板都经过预先饰面，包括上色和上几道清漆，如果你要铺设没有饰面的硬木地板，使用之前需要处理一下地板表面。真正在地板上染色之前，首先要在一块废弃的硬木地板上试验染色效果。一旦选定正确的染色剂，按照厂商的使用说明操作，染色完毕后，必须在颜色上面做保护层。有可供选用的两种清漆：水基清漆和聚氨酯清漆。水基清漆的特点是快干、气味小、不发黄，而且可以用水清洁；聚氨酯清漆需要24h才能干透，有较强烈的气味，需要化学制剂清洁，而且随着时间变化会发黄。聚氨酯清漆耐磨性比较强。记住，任何类型的清漆都会使木材表面颜色变深。

硬木地板意味着要终生使用，正确的铺设方法是决定其使用寿命的关键因素。使用正确的工具，确保一定要用防潮层和正确的垫层来防止潮湿的损害，遵循所有产品制造商的使用说明，正确使用粘结材料和胶粘剂，这些都有助于延长地板的寿命，避免诸如扭曲和翘曲等将来可能发生的各种问题。铺设镶木地板和硬木地板条时，如果非常精确地留出伸缩缝，按照所有这些基本的指导原则去做，铺设硬木地板就会又快又好。

第 5 章
瓷砖地面的铺设

瓷砖能提供很大的选择余地，适用于不同类型的工程，有很多种色彩、形状和尺寸供选择，可用在墙面或修饰方面。

铺设瓷砖地板人工费最昂贵，也最费时，许多其他种类的地板可以在已有垫层上铺设，或者用胶合板作为垫层，但对瓷砖来说并不全都行得通，瓷砖有多达四种的垫层可供选择。瓷砖铺好之后，必须在接缝中抹上勾缝剂，尤其是没有封面的瓷砖，就更有必要这样做。所有这些工序都会使铺设过程既费时又增加成本。

瓷砖是最重的地板材料，尤其使用水泥砂浆作为垫层时重量更大。在铺设任何瓷砖或天然石砖及其垫层之前，一定要将地板支撑好，还要非常平整。

在选择瓷砖时，要注意流行的样式和颜色，正确的铺设会使瓷砖地板的寿命长达数十年，应挑选一种持久性强并且与将来潮流相符的色彩。

1. 地砖的类型

地砖分为两种，成品有单块的和成张的。在这两种地砖中，瓷砖是最常用的，也是最便宜的。天然石砖包括花岗石和大理石，价格较贵。由于天然石砖不是人工造出来的，所以它们的外观和大小差异性很大。

（1）瓷砖

瓷砖有很多不同的样式（图 5.1）。瓷砖由黏土做成，然后送进砖窑用火烧。从砖窑拿出来后，再涂一层彩色釉质，然后再送进砖窑烘烤，使釉质层永久性地固定。

图5.1 瓷砖

无釉砖（图5.2）是一种比釉面砖稍厚的没有釉质层的瓷砖。无釉砖的强度比釉面砖低，渗透性较大。

图5.2 无釉砖

马赛克砖是一种坚硬、密实、自带防水性的瓷砖。这种砖一般生产成一张一张的，每一张由许多背面粘在牛皮纸上的小砖组成（图 5.3）。

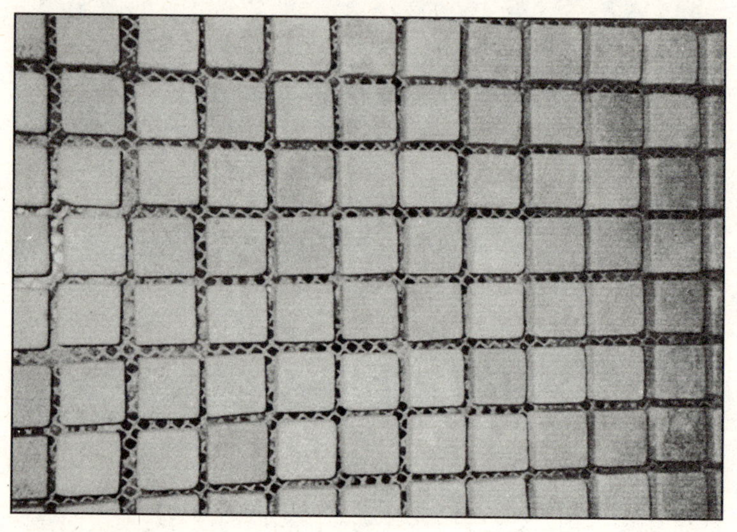

图 5.3 马赛克砖

（2）天然石砖

天然石地砖，顾名思义是由天然石材切削而成的砖，天然石砖是从世界各地采石切削而成，所以有很大的差异性。花岗石和大理石板经过抛光打磨制成标准或特制大小，这种天然石地砖表面光滑，带有天然的纹理和斑点。石板是另外一种天然石地砖（图 5.4），它们有许多纹路，表面凹凸不平。

一项大工程全部用天然石材是非常昂贵的。天然石砖和瓷砖混合使用可以降低造价，同时还能获得独特的效果。天然石地砖主要用在公共的区域，比如通道。

图5.4　石板

2. 地砖的尺寸

市场上生产和销售的最常见的形状是方砖，方砖的尺寸从6in到12in不等，但最近14in的方砖已被广泛接受。砖的尺寸越大，铺设越快，需要的数量越少，越能节省时间和成本。也有不规则形状的砖，比如六边形、钻石形、八边形和小正方形。这些小方砖通常按张出售，每一张都粘贴许多1～2in的小砖，这样会使铺设和对齐更容易。小方砖成直线排列，它们都粘在一张纸或纤维背垫上。

点缀用砖一般为横向的，有多种形状和尺寸（图5.5）。这种砖能与任何尺寸的砖相配，用做边线或者点缀。

3. 地砖的颜色

地砖的颜色根据人造和天然的不同而不同。人造的瓷砖能买到成百上千种颜色，或者为了和周围色彩相匹配而可以定制特殊颜色的砖。

天然石砖几乎完全就是石头做成的。经过地下成百上千万年的沉睡，开采出来的天然石都是可以利用的。开采出来的片材只是需要加工的原材料，具有渗透性，比较粗糙，经过切割抛光封闭等过程，原始的光洁度和纹理都会有所提高，但是色彩基本不变。

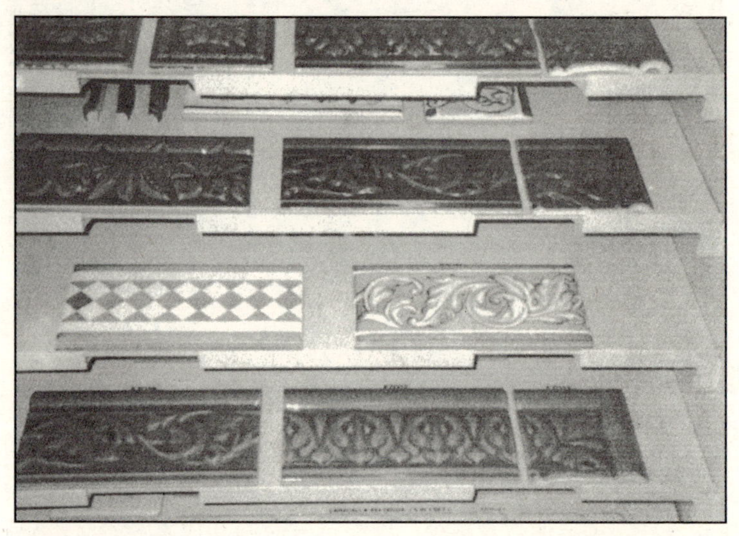

图 5.5 点缀砖

4. 测量地面

确定选用哪一种地砖之后，必须测量地板面积以确定购买地砖的数量。方砖或者按片出售，或者成箱售卖，每一箱能铺设一定面积的地板。每箱地砖的面积数和颜色都在包装箱的侧面标明。测量房间地板的长和宽，两者相乘就得出总的面积数。别忘了加上 5% ~10% 的损耗。图 5.6 给出的是选用12in方砖时房间面积和地砖箱数的关系。

房间的长度（ft）

房间的宽度(ft)	6′	7′	8′	9′	10′	11′	12′	13′	14′	15′	16′	17′	18′	19′	20′
6′	1	1	2	2	2	2	2	2	2	3	3	3	3	3	3
7′	1	2	2	2	2	2	2	3	3	3	3	3	3	4	4
8′	2	2	2	2	2	2	3	3	3	3	3	3	4	4	4
9′	2	2	2	2	3	3	3	3	3	3	4	4	4	4	5
10′	2	2	2	3	3	3	3	3	4	4	4	4	5	5	5
11′	2	2	2	3	3	3	3	4	4	4	4	5	5	5	6
12′	2	2	3	3	3	4	4	4	4	5	5	5	5	6	6
13′	2	3	3	3	3	4	4	4	5	5	5	6	6	6	6
14′	2	3	3	3	4	4	4	5	5	5	6	6	6	7	7
15′	3	3	3	3	4	4	5	5	5	6	6	6	7	7	7
16′	3	3	3	4	4	4	5	5	6	6	6	7	7	7	8

图5.6　选用12in方砖的房间计算表格

5. 铺设瓷砖需要的工具

以下是铺设瓷砖所需要的工具，包括在全部施工过程中铺设和清洁所需要的工具和材料。

工具清单

√ 锯齿灰刀——根据砖的尺寸确定锯齿的尺寸。锯齿灰刀是用来涂抹胶粘剂和水泥浆的。

√ 瓷砖切割机

√ 瓷砖剪钳

√ 手持式瓷砖切割机

√ 带金属硬质合金刀片的夹锯

√ 橡胶锤

√ 砂浆抹子

√ 软破布

√ 定位垫块——在尺寸较大的瓷砖之间使用

√ 密封剂胶枪

√ 密封胶——瓷砖与其他表面接触时使用密封胶，而不是砂浆

√ 水平仪

√ 粉笔线

√ 卷尺

√ 木工角尺

√ 瓷砖锉刀

所有工具应准备好，以备施工时随时使用。当准备垫层时还需要额外的工具，这些工具将在本章关于垫层一节中讨论。

6. 准备垫层

在这一节中，我们将重温铺设瓷砖和天然石地砖可以使用的不同类型的垫层，还介绍铺设地砖需要的特殊垫层。切记，所有地板当中最重的就是地砖，因此地板必须有足够的承载力。

如果要在混凝土地面上铺设地砖，一定要保证地面足够平整，如果有沟缝和小洞，必须在抹胶粘剂之前填平并晾干。地砖可以在平整的混凝土地上直接铺设，如果混凝土地面被轻微拉毛，则更容易粘接地砖。

当在已有木地板上铺设地砖时，一定要在上面铺设 AC 级的胶合板或者水泥板，胶合板的铺设与其他地板垫层的铺设都一样，确保接头保持一定的距离，所有的钉子要稍低于胶合板，以获得平整的表面。

7. 铺设地砖的垫层材料

铺设地砖有五种基本的垫层材料，既可以单独使用，又可以混合起来使用。

- 胶合板
- 纤维水泥板
- 水泥板

- 隔离层
- 防水层

我们重温一下这些材料，讨论一下每一种垫层材料的用途。胶合板是适用于许多地板的普通垫层，它是铺设最快和最便宜的垫层；对于地砖来说，推荐使用一层厚度达1/2in的 AC 胶合板。如果在木质旧地板上铺设新地板，同样推荐使用胶合板做垫层。

对瓷砖地面来说，纤维水泥板是一种可增加厚度的密实的垫层。如果你准备铺设的新地砖想适应不同类型的地板，比如有衬垫的地毯，则用纤维水泥板做垫层比较合适，两种地板之间的高度差可以通过铺两层纤维水泥板补足。胶合板虽然是比较便宜的选择，但可能需要两倍的安装时间。

水泥垫层板是专为铺设瓷砖设计的（图 5.7）。这种产品即使在潮湿的环境里也能完全保持稳定，因此在易吸水、易受潮的环境里使用最合适不过。浴室、洗衣房和高于地基底面的地下室都适合使用这种垫层。

图 5.7　水泥垫层板

有一个好方法可测试是否需要使用水泥垫层板：在地面上来回走，如果地面发生了任何移位，就说明需要铺设这种垫层。水泥垫层板厚度为1/2in和1/4in。在木质垫层上铺设这种垫层板，胶合板和水泥垫层板厚度加起来不应小于1in。测量房间面积，然后小心地切割水泥板，用直尺和刻痕工具在水泥板上划线，然后沿着划线将水泥板折断，再用钢丝切割机把水泥板背后的铁丝切断（图5.8）。

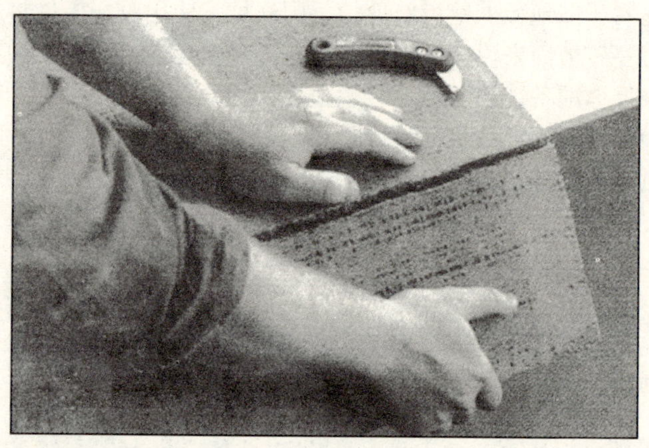

图5.8 先划线，然后把水泥垫层板折断

如果需要开洞口或者压条，可用钻头或圆锯开口，然后用锤子把不要的部分敲掉（图5.9）。

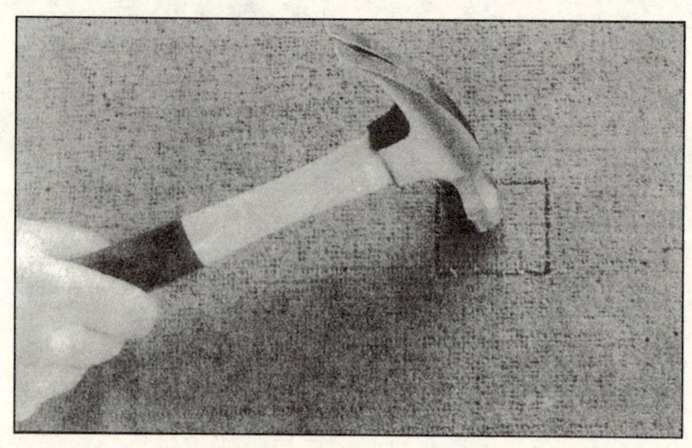

图5.9 在水泥垫层板上开洞口

如果在已有的油毡或乙烯地面上铺设水泥垫层板，用与上述相同的方法测量和切割。对于油毡或乙烯地面，你必须在铺设水泥垫层板之前，先在已有垫层上抹一薄层水泥砂浆，用 1/4in × 1/4in × 1/4in的方锯齿灰刀抹一层乳胶薄粘结砂浆（图 5. 10）。通常要按照厂商的使用说明进行操作。

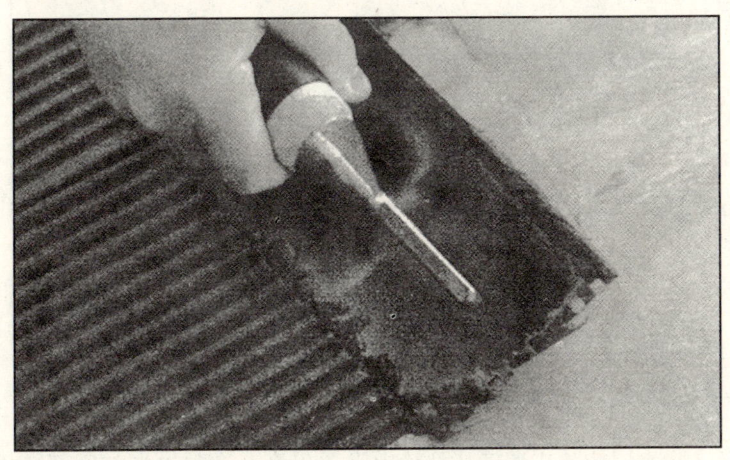

图 5. 10　在水泥垫层板下抹砂浆

在胶合板上铺水泥垫层板，让水泥板沿着与胶合板垂直的方向铺设。水泥板之间预留1/8in的缝隙，并像铺设胶合板垫层一样，使水泥板的边角错落排列。

在带有衬垫或海绵垫层的地板上绝对不能铺设水泥垫层板。如果铺的话，要把原垫层地板揭起来重铺。铺好水泥板之后，用1¼in长耐腐蚀垫层板螺钉或1½in长镀锌屋面用螺钉把水泥板固定好。每块水泥板上，在边缘 0. 5 ~ 2in内每隔 6 ~ 8in钉一个螺钉。

用稀水泥砂浆将所有板缝填充，沿房间四周预留距墙 1/8 ~ 1/4in的伸缩缝。不用敲打水泥板的接头，除非在墙上装水泥板。水泥垫层板大概是你所用的最贵的产品，但是如果将来出现一丁点儿潮湿问题的话，就会看出它物有所值。

用于垫层的另外一种产品是隔离层。如果地板沉陷或有旧裂缝（图5.11），隔离层能够保护地板不发生移动，它既可以把裂缝盖住，也能把整个地面都盖住。在绝大部分地板铺设过程中，一般不会使用这种非常特殊的产品。

图5.11 隔离层

防水层能防止潮气从裂缝中渗透出来。在整个淋浴区都要用防水层，防水层铺在垫层上面、水泥垫层板下面。

8. 地面布局

在真正开始铺设地砖之前，要在地面上画粉笔网格线来给每一块砖精确定位，这样可以保证完成铺设所需地砖的足够数量。找到房间最长的墙，确定这面墙的中点，从该中点沿与墙垂直的方向画一条直线，在这条直线的右边干铺一层地砖，地砖之间留出宽度合理的伸缩缝（图5.12）。

合理的伸缩缝宽度由地砖的大小决定，每次铺设都可以调整任何接头处缝隙的宽度。记住地砖间的缝隙越大，它就越容易开裂。不规则地砖通常需要预留较大的伸缩缝。

釉面砖——3/16～3/8in

铺地砖——1/8～1/4in

陶砖——3/4in

水泥砖——3/8～1/2in

天然石砖——大于1/8in

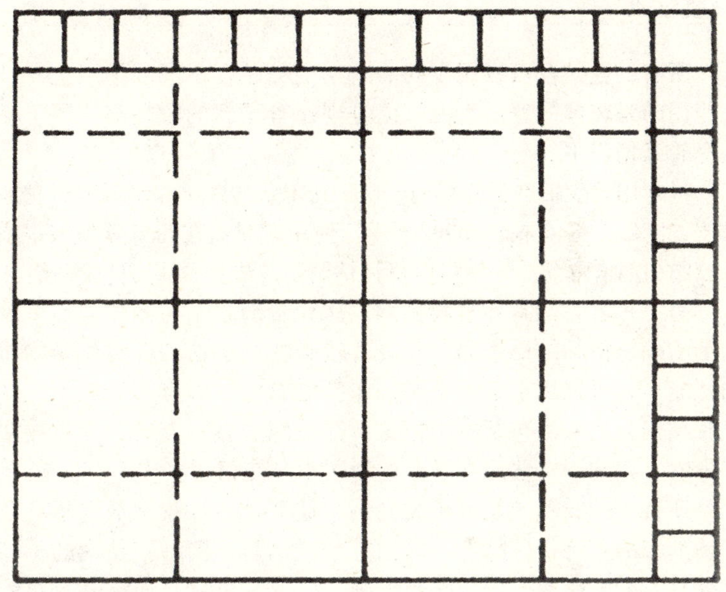

图5.12　为铺设地砖画好网格线

小窍门

如果靠墙角的砖的宽度小于半砖宽度，就要擦掉已画好的粉笔线，换另一种颜色的粉笔，向左移动半砖距离重新画一条中线，这样可使最边一排瓷砖的尺寸与其他砖相比均匀一些，然后从相邻的墙开始重复同样的过程。

继续画网格线，从第一条中线经过3块瓷砖并加上3个勾缝宽度再画一条直线。然后用金属丁字尺的一边压在第二条中线上，从第3块瓷砖边缘，沿着与墙壁成90°角的方向再画一条直线，沿着这面最长的墙重复这个过程，之后再从相邻的墙壁开始重复这个过程。全部画完后，地面看起来就像一张大网。

9. 胶粘剂

所有的瓷砖都可以用不同的胶粘剂粘贴在不同的垫层上。过去使用的是较厚的普通水泥，但是现在有了新的胶粘剂，用于粘贴瓷砖又稳又平。

最常用的胶粘剂是稀释剂，这种粉末状的砂子和水泥混合物通常按包出售，每包重5~50lb不等。使用时只需在粉末里加入水或乳胶添加剂增强韧性，就可以得到粘贴瓷砖浓稠而强力的胶粘剂。

另一种胶粘剂是环氧胶粘剂，比较贵而且不易操作。环氧胶粘剂的确能使粘结更牢固，还具备较强的抗水性和抵抗化学物质的性能；它可以用于各种基层，包括已有瓷砖和金属表面上。环氧胶粘剂分成两组包装，当把这两部分混合在一起时，会对皮肤有毒性，因此一定要遵从厂商的说明小心使用。

还有一种胶粘剂是有机胶粘剂。这种类型的胶粘剂包括乳胶胶粘剂和溶基有机胶粘剂。以预拌形式出售。两种胶粘剂的不同之处是：乳胶胶粘剂比较容易清洁，是非易燃物；而溶基有机胶粘剂不易清洁，是易燃物。

有机胶粘剂基本上用于胶合板或者干燥的垫层，非常容易使用。它的黏性不如其他胶粘剂强，建议不要在有水的地方比如浴室或洗衣房等房间里使用。涂刷瓷砖胶粘剂必须使用合适的灰刀。

- 马赛克/小砖使用3/16in×5/32in或1/4in×1/16in的V形灰刀
- 平背砖使用1/4in×1/4in的方形灰刀
- 不规则/凸起砖使用1/4in×3/8in或1/2in×1/2in的方形灰刀
- 大理石/花岗石使用1/4in×1/4in或1/4in×3/8in的方形灰刀

10. 胶粘剂的应用

根据厂商的使用说明把胶粘剂混合在一起，达到毛面状态就算混合好了，往垫层上抹胶粘剂之前，让混合物放置 10min 左右。从距房门最远的网格开始，选用合适的灰刀，用灰刀平边把胶粘剂抹到网格上。每次抹得要适量，不要超过你一次能完成的工作量，然后用灰刀锯齿部分沿着与地面成 45°角的方向抹匀胶粘剂（图 5.13）。

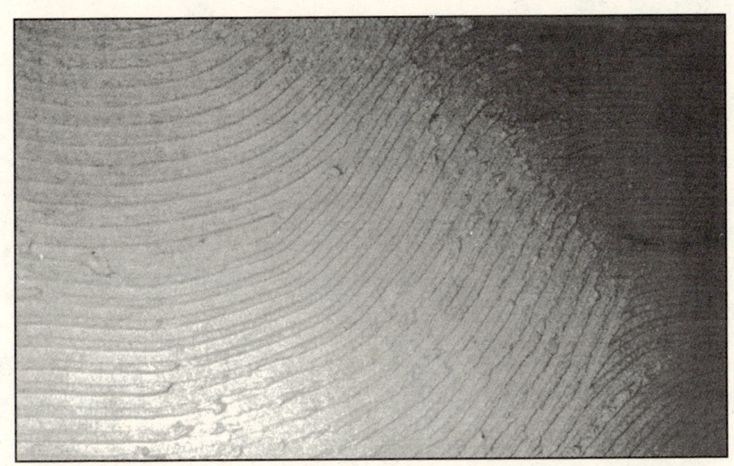

图 5.13　用锯齿灰刀沿与地面成 45°角方向抹胶粘剂

拿一块整砖，为了使砖和垫层粘结更牢固，在砖背面也抹一点儿胶粘剂，把第一块砖放在水平线和垂直线相交的地方，把砖压到胶粘剂里，用橡胶锤轻轻敲打，为了使砖固定好，根据砖的大小和样式在砖和砖之间卡上定位垫块（图 5.14）。

如果选用的砖周边带有突起垫片，就不必再使用定位垫块。为了使勾缝形成的直线保持更加连贯一致，有些砖带有突起垫片。继续这个过程，直到在这个网格里铺满瓷砖。用 2in × 4in 木枋在整个地砖上刮过，检查有无凹凸不平的地方。对于高出来的地方，用木锤敲平；对于洼进去的地方，把瓷砖揭起来，再加一点胶粘剂，使它增高一点儿。一个网格接一个网格地铺，直到全部地面都铺满瓷砖。

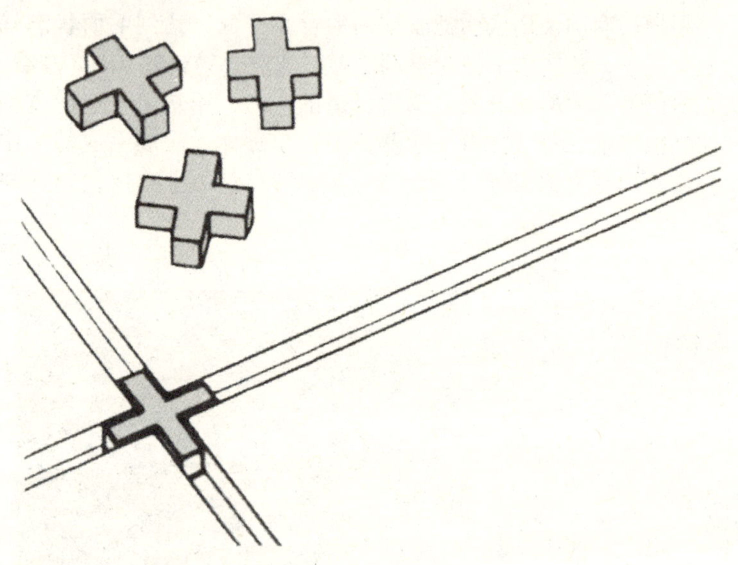

图 5.14 瓷砖的定位垫块

11. 地砖的基本切割工具和技巧

切割瓷砖时，可选用合适的工具来获得良好的切割效果。如果简单切割，用手工瓷砖切割机划线，再折断即可。如果要做稍微复杂的切割或多处切割，使用水锯又快又好。这种锯带有钻石刀片，切割起来更锋利（图 5.15）。用水锯切割瓷砖会产生小齿边，不过最后铺好瓷砖后，勾缝剂会把这些齿边都遮住。

还可以使用重型瓷砖夹钳，它可以一点一点将瓷砖钳掉，直到形成想要的大小和形状。这种夹钳最适合小的工作，每次可钳掉一小部分瓷砖。

瓷砖切割完毕，可用瓷砖锉刀打磨。瓷砖锉刀是一种坚韧的打磨工具，能把瓷砖较粗糙的边缘打磨光滑。

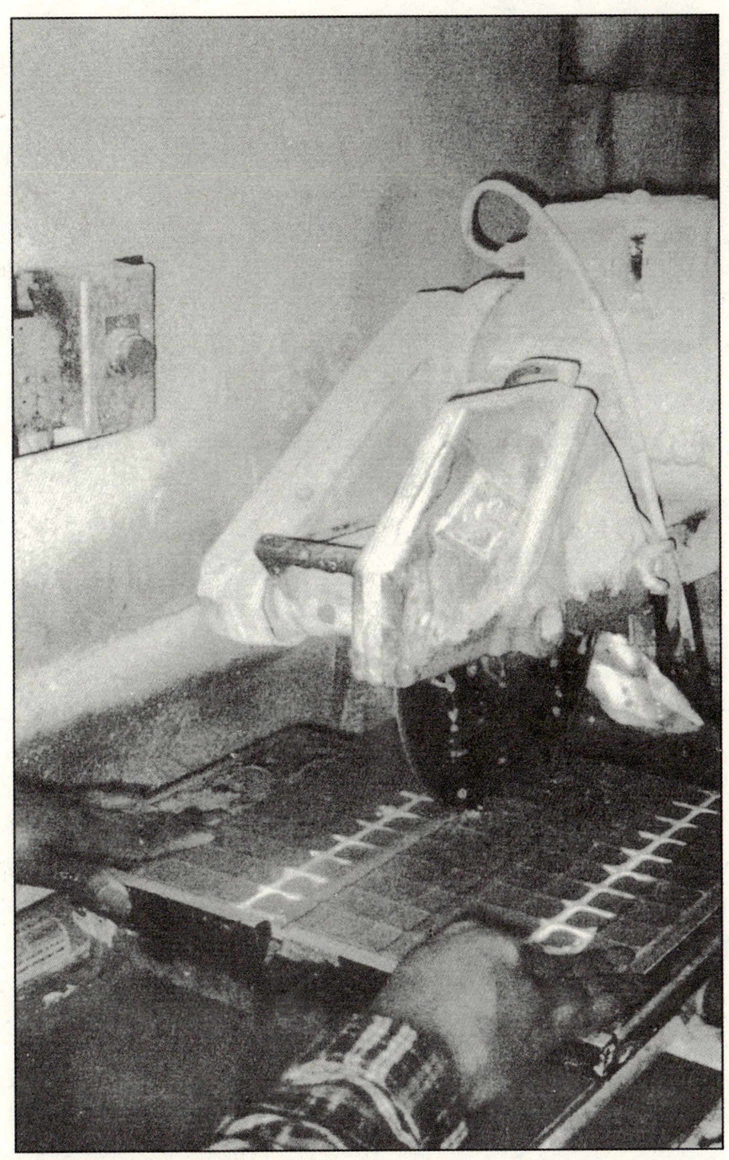

图 5.15　用水锯切割瓷砖

12. 切割与拼接

需要在瓷砖上开洞口，可以选用上述任何一种工具。在管道、通风口或房间角落都需要切割瓷砖。

切记，你铺设了新垫层，胶粘剂和瓷砖，它们加在一起的厚度使地面至少增高1in，因此每个门框底端都要锯短，以适应新的地面高度（图5.16）。

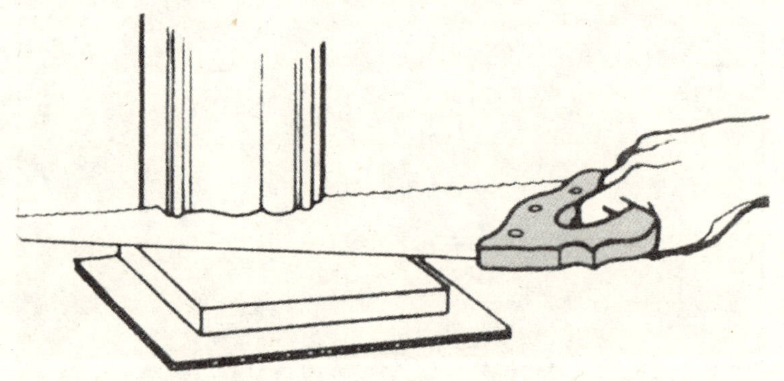

图5.16 锯短木门框

要确定门框底部需锯掉多少，只需挨着门框底部把一块瓷砖放在一块薄的硬纸板上，再把手锯放在这块瓷砖上锯掉门框底端即可。当铺设门框下的瓷砖时，在瓷砖背面涂上胶粘剂，然后将瓷砖塞入门框下。

保证房间四周预留距墙1/4in的伸缩缝，检查瓷砖上有无多余的胶粘剂，在硬化之前用湿抹布擦掉。

13. 铺设踏步砖

铺踏步砖时，一定要先铺前侧面的砖，用与地砖测量、切割同样的方法对踏步砖进行测量和切割，和地砖一样用胶粘剂固定好。然后铺设顶面的砖，与前侧面的砖略微重叠。

14. 地砖上砂浆勾缝

瓷砖地面铺好后至少放置24h，接下来可以勾缝。用尖嘴钳先把所有的瓷砖定位垫块拔除，应该趁地面还未硬化，可以检查地面的平整度，等到地面已硬化，在不平整的地方，要想揭起瓷砖重铺是很困难的。

小窍门

当需要用钻在砖上打孔时，应十分谨慎，不要把瓷砖弄劈裂，要使用硬质合金刀片或圬工钻头。钻孔时为了保护瓷砖，在需要钻孔的位置放一团管工用腻子，腻子中间滴上水，这团腻子能起到防护物的作用，从而保护瓷砖。

然后，替换所有房间之间的压条。勾缝剂有几种选择：你可以选用水泥基勾缝剂，这种水泥基勾缝剂是用普通水泥砂子和添加剂组成的混合物。另一种是在水泥基勾缝剂基础上再加上乳胶形成的乳胶硅酸盐水泥勾缝剂。

勾缝剂有大量的与绝大多数瓷砖和天然石颜色相配的色彩可供选择。还有一种硬化聚合物改性勾缝剂，这种勾缝剂的色彩能持续更久，防水性能更好，谨记要按照制造商的说明混合和使用勾缝剂。

把勾缝剂混合成马铃薯浆的状态，放置10min，就可以往瓷砖上抹。每次涂抹的距离不超过3～4ft。将勾缝剂涂在地面上，用橡胶抹子把勾缝剂嵌入在瓷砖接缝里，抹子与地面成45°角刮掉多余的勾缝剂（图5.17）。为摊铺均匀，要及时把抹子清洁干净。继续把勾缝剂抹在瓷砖接缝里，直到所有接缝都嵌满了勾缝剂，并抹成与瓷砖一样平。在地面上沿各个方向涂抹，确保勾缝剂塞满瓷砖接缝。

小窍门

为保护四周墙体的底部，在墙体上贴上胶带，使其不受到勾缝剂污染，同时在涂抹勾缝剂前擦光砖上所有遗留的砂浆，这将有助于在清洁过程中清除所有多余的已干燥的勾缝剂。

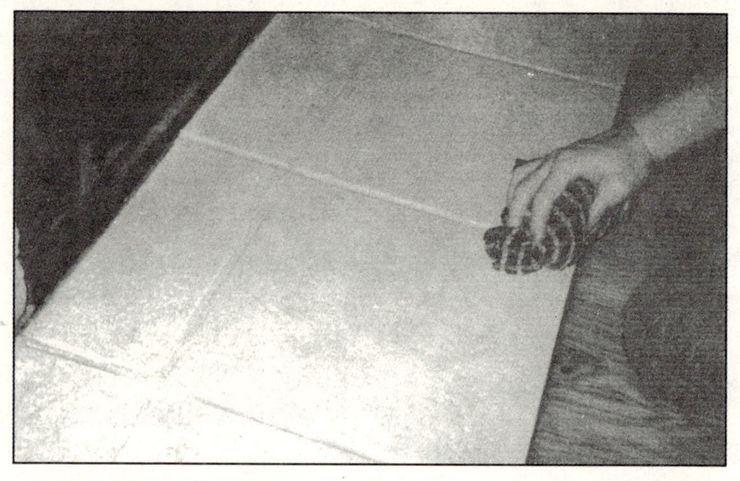

图 5.17 涂抹勾缝剂

用湿海绵擦掉多余的勾缝剂，记住水会冲淡勾缝剂，因此如果含水太多的话，一定要把海绵或湿布拧干再擦拭瓷砖。房间四周的伸缩缝里不能有勾缝剂。

20～30min 之后，瓷砖表面上会出现一层干粉。用干抹布（非纱布）把瓷砖擦干净，直至这层干粉消失。根据气候的差异，勾缝剂完全干燥的时间或许几天，也有可能几周。等完全干透，在勾缝剂表面涂一层硅酮或丙烯酸类填缝剂，这会有助于避免污垢堆积。如果在浴室或洗衣房铺设瓷砖，潮气会渗透到瓷砖下面，因此要把墙壁和瓷砖之间的缝隙用一薄层密封剂封好。

瓷砖铺设起来比较费时，费用较高。记住最关键的因素是基层的强度要足够大，以承担瓷砖和垫层的重量。正确地测量和切割瓷砖会加快和简化铺设过程，根据实践得来的经验，可以把瓷砖布置得更加精美。瓷砖除了能使房屋升值，还能为地面增添独特的视觉效果。

第 6 章 弹性乙烯地板

弹性乙烯地板是颜色丰富、样式繁多和铺设最简单的代表，也是比较经济的选择，无论选用卷材还是块材，它们的耐用性都不容否认。弹性乙烯地板可以在绝大多数极端条件下使用，而且抗污能力最强；这种地板还具有很强的消减噪声功能，与任何硬木地板的表面相比，手感最舒服。至于维护，任何地板都不如乙烯地板更容易清洁、耐磨性更强。如果恰当维护，这种地板将会持续使用好几年。

在选择乙烯地板的式样和颜色方面，一定要根据不同的房间挑选不同的产品。乙烯地板用在浴室、厨房和洗衣房都是不错的选择，因为它的耐水性极强、抵抗小孩和宠物的磨损能力也很强。根据房间原有的色彩方案或主题来挑选合适的乙烯地板式样。这种地板可以使用较长时间，因此选择时不要过分注重流行式样和色彩。

颜色和图案对于房间看起来大一些还是小一些起到很重要的作用，例如，如果房间较大，就要挑选小规模的设计式样，反之亦然，这样会给人一种视觉效果，两种规模不同的设计方案不会在同一房间里冲突。浅色的地板使房间显得更大，黑色的基调会吸光，造成一种被围困的视觉效果。同时，在要铺设地板的房间里选用同房间相同的色调。拿一块地板样品，在白天和晚上光线不同的条件下，放在房间里观察不同的效果。

1. 乙烯地板的构造

乙烯地板有两种形式：块材和卷材。卷材地板的宽度在 6 ~

12ft之间，块材地板为12in见方，它们都是或背面带有剥落式胶粘剂，或在垫层上刷胶后再铺设。与这两种样式相比，块材的弹性更强一些，即伸缩空间比卷材地板更大一些。乙烯地板包含有高科技树脂，在其下面不能铺设油毡，这种树脂以前用于管道工程和污水管道，现在用来制造地板。由于聚氯乙烯（PVC）的耐磨性较强，现在用来制造绝大多数的乙烯地板。

乙烯地板最重要的部分是面层，也称作耐磨层，PVC 用于制造耐磨层，增加其耐磨性，也起到将不同卷材粘结在一起的作用。当使用特殊胶粘剂粘结接缝时，PVC 的分子将在两卷材和胶粘剂之间发生相互作用，从而将其结合成一片。

耐磨层的厚度各不相同，最厚的耐磨层为0.025in，最薄的厚度为0.005in。较薄的耐磨层最可能被破坏，也是最便宜的。选择地板时要考虑耐磨层和经济性的因素。如果图案或者颜色被破坏掉，修复它们非常不易。根据厚度和耐磨性，乙烯地板分为不同级别：

- 商业级乙烯地板——这种等级的乙烯地板基本上用在人流量大的商业建筑中。这种地板是直接铺设的整片乙烯地板，绝大多数商业级的乙烯地板需要预铺设技术，也就是接缝处需要热熔技术。
- 高级家用级别乙烯地板——这种类型的地板由三层组成，厚度大约3/32in。最底层是毡底，中间层是泡沫衬垫，最上层是乙烯。这种地板虽然不是顶级产品，但它的耐磨性很棒（图6.1）。
- 标准家用乙烯地板——这种地板与高级乙烯地板的生产工艺相同，只是稍微薄一些，耐磨性也很不错（图6.2）。
- 专用乙烯地板——这种乙烯地板是厚度为1/16in的单层产品，它是最便宜的，而且耐磨性适中（图6.3）。

选用最高级别的乙烯地板，会在将来节省时间和金钱。如果选用低级的乙烯地板，全部或者局部修复这种地板都不划算而且浪费时间。如果地板表面需要较亮的光泽，无论乙烯卷材还是块材都可以在工厂加上几层聚氨酯面层。但要注意，这些高光饰面层使磨损痕迹非常明显，需要更多的维护。

图 6.1 高级家用级别乙烯地板

图 6.2　标准乙烯地板

图 6.3 专用乙烯地板

2. 铺设工具和材料

以下是铺设乙烯地板需要的工具和材料清单，根据垫层的不同选用不同的工具，但不是所有的工具都用得着。

工具清单

√ 直刃万用刀和额外的刀片
√ 锤子
√ 短绒毛辊子
√ 擀面棍
√ 剪刀
√ 平头螺丝刀或刮腻子刀
√ 木工锯
√ 用来抹胶的平边灰刀
√ 金属直尺
√ 中级颗粒砂纸
√ 卷尺
√ 粉笔和粉笔线
√ 木工用直角尺
√ 双面丙烯酸胶带
√ 单面压花地面轧平机
√ 胶粘剂
√ 填补料和罩面层

小窍门

如果在沥青铺设的车道和车库入口处铺乙烯地板，PVC 乙烯耐磨层将会和沥青发生化学反应，踩过沥青的鞋子会粘有微量的油，会粘在 PVC 耐磨层上，油会使乙烯地板被永久性地污染，人行通道上明显出现发黄的痕迹。如果在这种地面上铺设乙烯地板，推荐使用小块地毯或者脱掉鞋子。

在开始施工时，准备好所有适用的工具和材料，切记要按照商品标签上厂商的说明使用，以获得最好的效果。

3. 乙烯卷材和块材地面的测量

选定乙烯地板的种类，就要测量房间的面积。把房间平面图画下来是个好方法，可以在图上标明门口和开口/洞的地方。如果地板宽度比乙烯卷材的宽度还要宽，还需确定接缝位置。把乙烯地板上的图案安排在房间中央，而不是在衣柜下面或墙边。

4. 乙烯卷材地面的测量

乙烯卷材幅宽为 6 ~ 12ft，长度随需要而定，长乘以宽得到房间的总面积。

由于乙烯卷材按照平方码出售，用平方英尺数除以 9（图 6. 4)，记住沿着房间四周要加上至少6in的切割损耗和误差值，这个公式适用于无缝铺设。

如果房间长度或宽度超过12ft，就需要接缝。铺一张幅宽为12ft的乙烯卷材，会覆盖大部分地面，记住沿着房间四周要加上至少6in的切割损耗；如果这片乙烯卷材的图案在房间中央，再用第二片卷材与它的图案相配，第二片卷材不用再留6in误差值。测量图案重复的实际面积，把这个面积加到待切割的那部分卷材上，这样会得到铺设地板实际需要的卷材量。

乙烯块材地面的测量

测量长、宽确定房间的面积（平方英尺数）。乙烯块材为9in或12in见方。对于12in见方的块材来说，计算需要的块数，用长乘以宽得到房间总面积，这个平方英尺数就是整个工程需要的块材的数量。对于9in见方的块材来说，可以用房间面积的平方英尺数乘以 1. 78，就得出所需块材的数量。

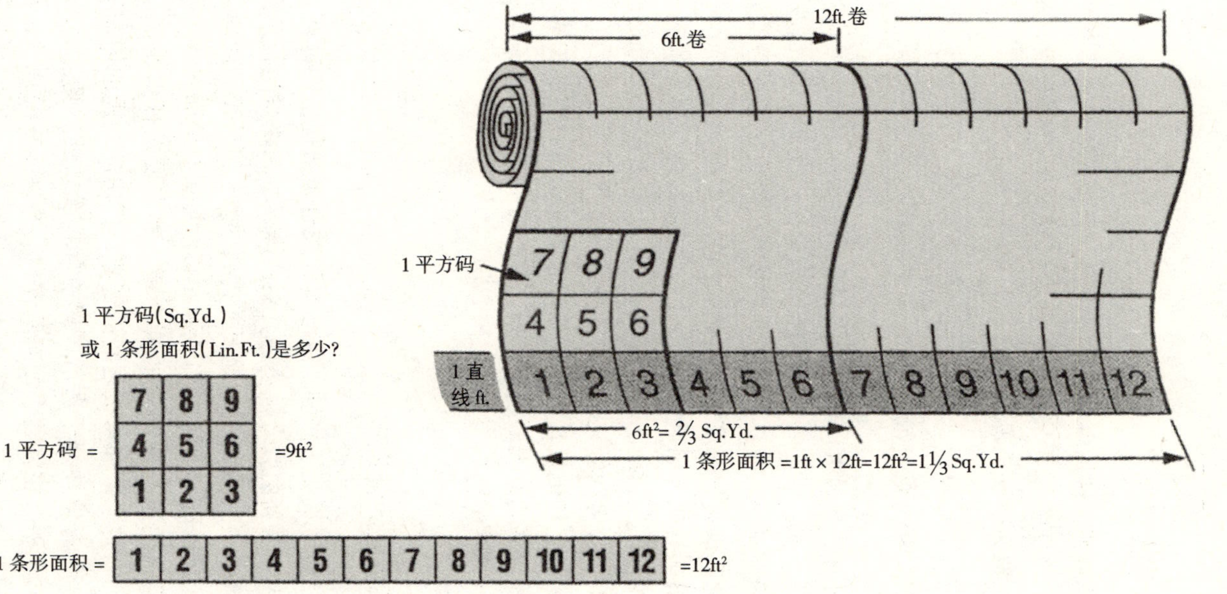

图 6.4　确定乙烯地板购买量的表格

5. 垫层的选择和准备

乙烯地板下面选用哪种垫层很关键，根据基层或将要铺的新垫层决定。乙烯卷材和块材地板都可以铺在旧乙烯地板、胶合板、混凝土地面或者瓷砖地面上。

6. 在已有乙烯地面上铺设

如果你考虑在已有的乙烯地面铺设新的乙烯块材，记住要检查关键的几方面：旧乙烯地板不能带有背衬；没有松动或损坏的地板块翘起；一定要检查房间四周和接缝处有无较大的缝隙，在铺设新地板之前，要将这些缝隙填实。

对于磨损处或开洞口的地方，用万用刀和直尺把多余的地方切除，再用单面压花地面轧平机填平，对于宽度超过1/8in的缝隙也按同法处理。等到做完所有的修补并且找平剂干透之后，把地板上所有的灰尘和地板蜡清除干净。任何牌子的脱膜器和清洁器都可以把原有磨光的表面层清除掉，这样有利于新地板和垫层之间能有很好的粘结。

7. 胶合板垫层的铺设

如果已有地板无法修复，或已有的胶合板垫层已经破坏，需要重新铺设一层新的胶合板垫层。在乙烯卷材和块材地板下需要铺 APA 级胶合板垫层，满铺地面并错缝排列，沿着房间四周留出距墙1/8in的伸缩缝。用涂层钉或圆尾钉使钉头与地面在一个平面上。不管已有的还是新铺设的胶合板，都需要把任何小洞填补好，包括所有钉子眼和木板之间的缝隙，但房间四周的伸缩缝不能填补。当所有填补剂干透后，用中等粒度砂纸反复打磨地板，直到将所有不平、粗糙的表面打磨光滑。打磨工序完成后，在垫层上刷一层乳胶底漆，底漆干透之后，会增强垫层和新地板之间的粘结。

8. 在已有混凝土或瓷砖上铺设

在混凝土垫层上铺设乙烯地板非常合适，保证混凝土垫层干燥、干净，没有灰尘，如果混凝土地面上有潮湿的地方，一定要弄干。如果还有可能变湿，则在这种垫层上不适合直接铺设乙烯地板，要先铺一层防潮层，否则将来地板将会扭曲变形，需重新铺设。

检查垫层有无开裂及其平整度，使用快硬水泥或填补料来处理这些问题，遵循厂商的说明以获得最佳效果。一旦找平剂和填补料干透，用中等粒度砂纸打磨地面，直到任何凹凸不平的地方平整，再上一层乳胶底漆，让混凝土和地板之间结合良好，自粘式地板可以直接粘在涂过漆的混凝土地面上。

新乙烯地板可以在已有瓷砖、水磨石和大理石地面上铺设，在已有地板上铺新地板之前，保证已有地板没有松动、结合良好，检查有无缝隙或坑洼，用填充料或找平剂填充好，再刷一层乳胶底漆保证良好的粘结。

9. 乙烯地板铺设前的准备

首先，在仓库储存或往现场运送乙烯地板时，保证地板不能被弯曲或扭曲，否则会导致永久变形。卷材地板应该使表面朝外卷好，以待铺设。

如果可能的话，在铺设之前，把整卷地板平放。乙烯地板应在要铺设的房间里放置至少48h，在铺设时和铺设后，地板和房间的温度应在65~85℉之间。

乙烯块材同卷材一样，都需要适应房间的温度。把乙烯块材从箱子里拿出来，将不同箱的块材混合起来，使地板的外观过渡自然和谐。无论乙烯块材用胶粘还是自粘，适应环境和混合的步骤都是必需的。要把房间里所有的压条和踢脚都拆掉。

10. 乙烯卷材地板的铺设

铺设乙烯地板可以用胶粘剂或双面胶带。同铺设其他地板一样，在刷胶粘剂和粘双面胶之前，都要把垫层彻底打扫干净。

小窍门

制造商在工厂包装乙烯卷材时，往往要拉伸耐磨层，这种力称作加压，需要被除去。在铺设地板之前反向滚卷乙烯卷材，这个步骤要在与铺地板房间相同的温度下进行。

11. 双面胶粘铺设乙烯卷材

乙烯卷材可以铺在前面提到的任何一种垫层上，如胶合板、混凝土地面、混凝土砖和已有的乙烯地面。当地面面积超过36平方码或者地面接缝不止一条的情况下，不推荐使用双面胶带粘结法铺设。测量地面面积，准备切割乙烯卷材。如果乙烯卷材在供货商那里没有事先裁剪，就把乙烯片放到较大的平坦空地上。车道或车库很适合，但必须将任何会粘到乙烯地板上的灰尘或污渍打扫干净。用一把万用刀粗裁地板卷，留出切割富余量和墙壁不直的误差量，一般超过6in就足够了，然后把乙烯片拿到房间里，先干铺，直到乙烯卷材图案被摆放到合适位置（图6.5）。

如果你想使两块乙烯片通过接缝来形成一块图案完整的地板，调整第二块地板，使它与第一块地板片图案相配。继续切割，直到地板片拼接妥贴，但又不能太紧，要能铺满所有角落。在内外墙角裁剪地板片时，使用万用刀自上而下在地板和墙壁相交的地方剪裁。

一旦乙烯地板被裁剪至合适的高度，并且与墙角紧密贴合，就可以将多余的地板片剪掉。用万用刀和木工用直角尺将搭接到墙角上的地板片裁剪掉，乙烯片与墙之间的净距离不要超过1/8in宽（图6.6）。

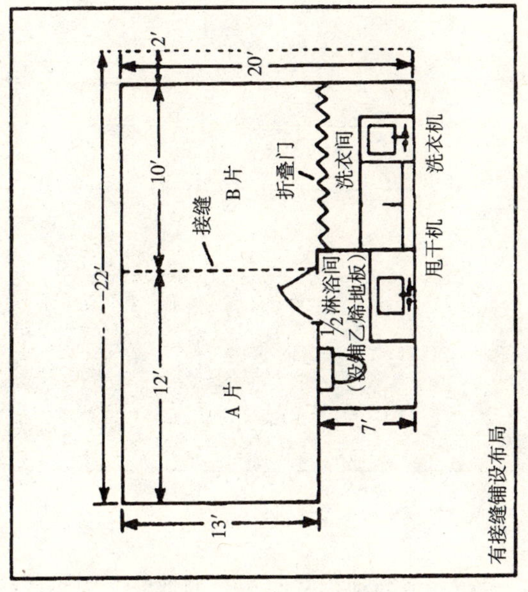

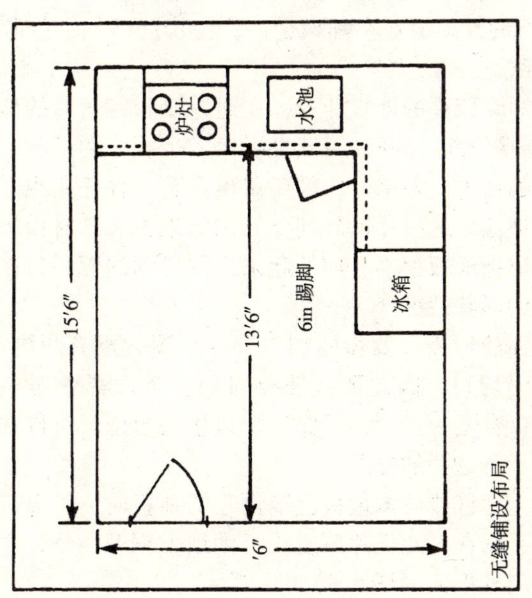

图 6.5　乙烯地板的位置和布局

图 6.6 沿房间四周裁剪乙烯地板

在衣柜、管道、墙与地板之间相交的地方，为热胀冷缩至少留出3/16in宽的伸缩缝。在铺设最后，沿房间四周铺设装饰压条会将这些缝隙盖住。

裁剪完房间四周的地板片后，在通风口和有管道的地方开洞（图 6.7）。环绕管道开洞，用纸模板做一个相似的形状，把模板放在要开洞的地方，各个方向都要留出几英寸伸缩距离。在模板上抹上胶，把乙烯地板片铺展到要开洞的地方，这时模板会粘在地板片上，再把地板片小心地卷起来，用锋利的万用刀在乙烯片上按照模板的形状裁剪。

门框下面的地板片要做暗切口，这个地方没有踢脚或勾缝，不能掩盖失误切口，因此要多花点时间，每次都少切一点地板片，直到切口合适为止。为了保证切口接头合适，可以在门框周围铺一薄层无色透明的硅酮。

在瓷砖、地毯或硬木地板上铺设乙烯地板时，可以采用另一种方法，用手锯在与地板片厚度接近的地方锯开门框，再把乙烯地板片塞到门框下面（图 6.8）。

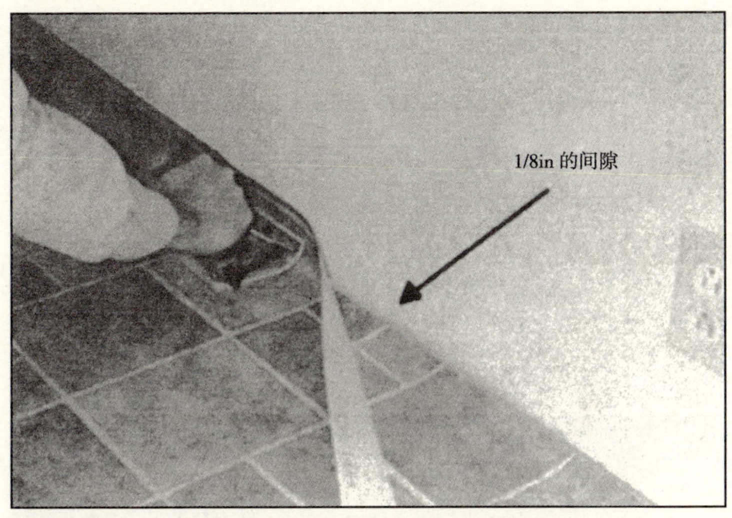

图6.7　在乙烯地板片开口/洞

图6.8　铺设乙烯地板片时锯短门框

乙烯地板片全部铺好，所有切口都已留好，就要粘贴丙烯酸双面胶带。不必在房间四周全部使用胶带，只需在人流量大或过渡区使用即可。在过渡区把地板片掀起，粘上一条双面胶带（图6.9）。

再把乙烯地板片放到胶带上，用手辊反复碾压。在将会有移动的地方、接缝处和笨重家具器物的地方多用一些胶带。

小窍门

铺设乙烯地板片将会有手误切口，但也有办法弥补，使这些切口不会引人注意。在这些手误切口的下面贴一片透明的双面胶带，把胶带背面的纸撕掉，把乙烯地板压上去，再在整个切口处涂上一薄层缝隙胶粘剂，就能把切口粘在一起了。

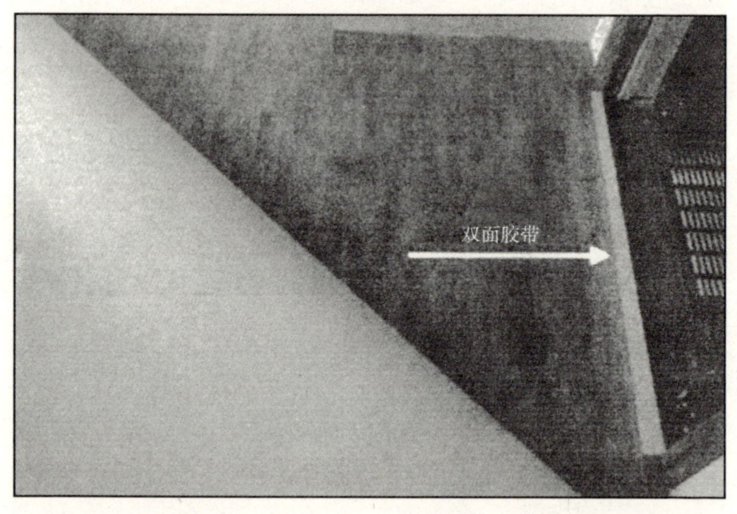

图6.9 双面胶带的铺设

需要铺设第二块乙烯地板片时，按照铺设第一块地板同样的方法铺设。全部地板布置好并做好切口之后，检查整个地板的图案是否匹配好；让两块地板片图案匹配好之后，把两块地板片搭接在一起，之后再把重叠部分裁掉（图6.10）。

在接缝处使用双面胶带，小心地将两块地板片放在胶带上，把接缝处压实，用手辊在上面反复碾压（图6.11）。

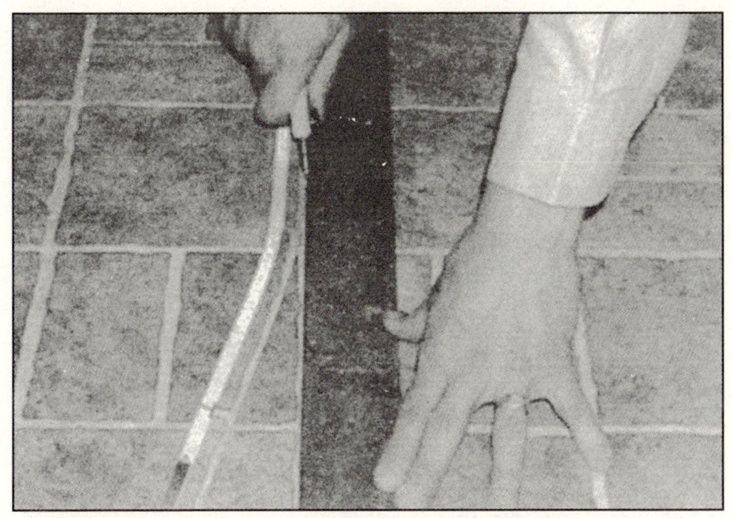

图 6.10　接缝处的裁剪

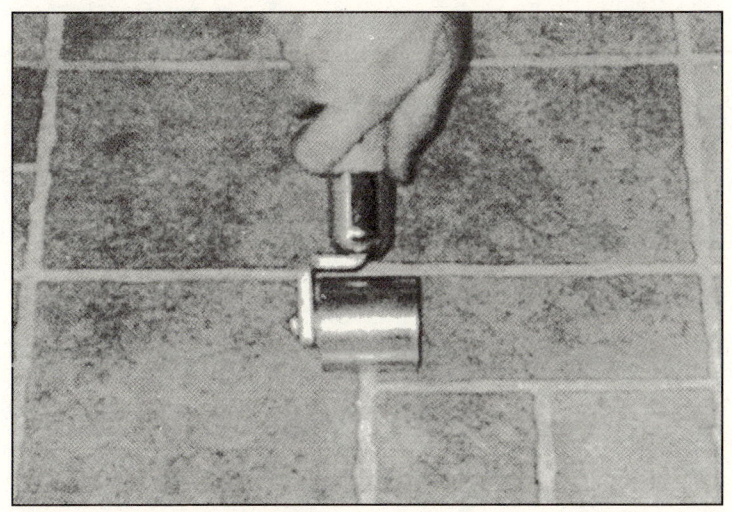

图 6.11　把乙烯地板片用手碌压实

接缝处压好后，要用填缝料封好接缝（图 6.12）。这种填缝料能把两块乙烯地板片耐磨层的分子激活，使它们发生化学反应，让两片合为一片。按照厂商的说明使用，以获得最佳最安全的效果。

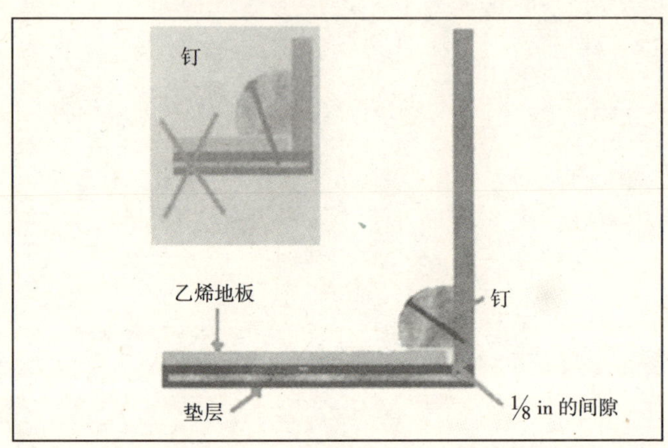

图 6.12 使用填缝料封乙烯地板接缝

当乙烯地板片裁好并在相应位置上固定好、填缝料干透之后，可以重装所有的装饰踢脚和在门口铺设 T 形或 E 形压条。如果使用 1/4 圆压条，把这根压条轻放在地板上，使它不会给乙烯地板增添压力。

重装木线和压条时，把它们钉在踢脚板上，不能钉在乙烯地板上，这样不会给新地板增添压力，并使新地板自由伸缩（图 6.13），至少等 1h，再往新地板上放置家具和装置。

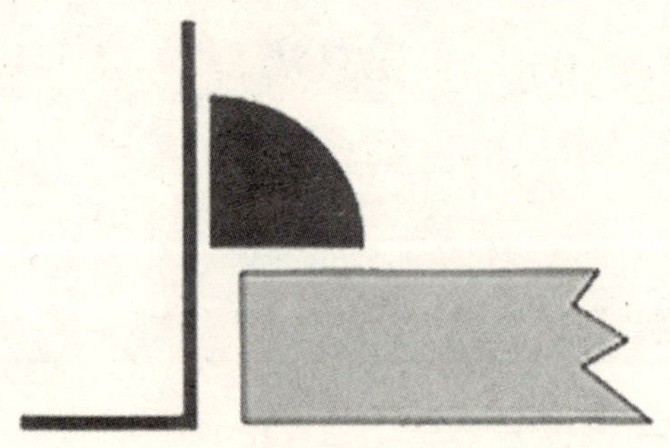

图 6.13 修剪复位到踢脚板里面

12. 乙烯卷材胶粘法铺设

铺设乙烯卷材地板的另一种方法是胶粘法。胶粘法适用于单层乙烯地板或人流较多的区域，如后门廊。胶粘法铺设乙烯地板片的测量和裁剪方法与用双面胶带铺设时相同，只不过要用胶非常牢固地粘在垫层上。一旦地板铺好之后，地板不会有任何伸缩或季节性的移动。

小窍门

在极端的室内条件下，比如冬季较长，垫层往往会收缩和起皱，这会使角部的乙烯地板出现皱褶。如果发生这种皱褶，把受影响区域的踢脚板拆掉，重新铺设并裁剪新的地板片。如果在门口附近出现皱褶或鼓包现象，把压条拆掉，轻轻地把乙烯地板片从胶带上揭起来，重新贴一条新的双面胶带，把地板压实，等到紧密贴合后，重新装上踢脚板或压条，就大功告成了。

用和前面相同的方法测量和裁剪乙烯卷材，并把乙烯卷材铺放到房间里。在要铺设地板的地方满刷乙烯胶，不能把胶直接涂在卷材背面。

用平边灰刀刷好胶粘剂之后，根据你所需要的图案，把地板卷打开铺放在上面并压实，检查有没有未粘好而鼓起的地方，把这些鼓起来的地方快速压平，用辊子可以把胶赶到没有刷上胶的地方，使地板紧密粘结好。如果等胶干、地板定型后，就无法把鼓包压平了。

如果需要接缝，就按照以下简单的几步进行：把第一片卷材用胶粘好，注意距离接缝处10in的部分不涂胶。剪裁和粘贴第二片地板时，与第一片卷材至少留出2in宽搭接部分，或者根据图案匹配预留更宽的搭接部分。在其余垫层上涂胶，但留出距离第一片卷材边缘2in以内的地方不必涂胶，把接缝处卷材的搭接部分裁掉。将地板揭起来，胶涂在垫层上，再把两片地板放回原位置粘合到垫层上，并在接缝上面涂上填缝剂，用较重的辊子碾压整个地板，从房间中心开始，然后朝各个方向碾压。用可溶性溶液擦掉溅到地板表面上的胶，沿房间四周重新装上装饰踢脚和压条。

13. 乙烯块材的铺设

在适用于乙烯卷材的任何垫层上，同样可以铺设乙烯块材。若在已有地板上铺上15lb油毡纸，就可以接着铺设乙烯块材。乙烯块材有的带背垫，也有的无背垫，有的带自粘胶，也有的不带自粘胶。

14. 块材和垫层的准备

由于油污、油脂或灰尘影响胶的粘性，首先把已有地板打扫干净，去除灰尘和污渍。无论乙烯块材铺在混凝土、胶合板还是木垫层上，都要保证垫层平整没有小洞。

一旦地板干净平整，就准备测量确定中心。乙烯块材从房间中心起铺；为确定中心，首先测量房间，在每面墙上标出中点，若房间不是绝对方正的，忽略所有凸出部分和壁龛等凹进去部分，将墙中点连接起来用粉笔画线，两条直线交点就是房间的中心点（图6.14）。

15. 乙烯块材的铺设

房间中心点确定后，先要干铺乙烯块材。保证块材在室温下至少放置48h以适应环境，把各箱块材混合在一起，以获得一致的外观。沿粉笔线干铺第一排块材，然后沿着第二条粉笔线再干铺一排块材（图6.15）。

小窍门

检验精确度的一个简单方法，在一边测量出3ft的距离，在成90°角的另一边测出4ft距离，这两点之间直线距离应该是5ft，如果不是5ft，应重新测量画线。

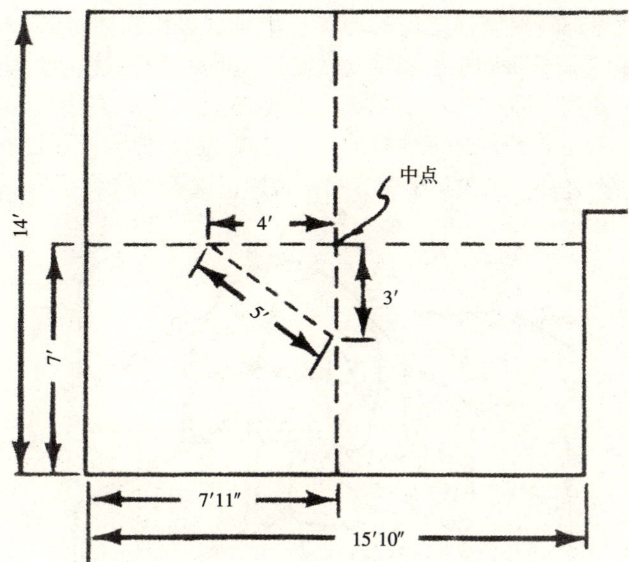

图 6.14　确定房间的中心点

图 6.15　干铺第一排和第二排块材

测量地板到墙壁之间的距离，如果这段距离超过8in或小于2in，就要调整房间中心点重新做标记。将中线平行移动半块块材宽度的距离，即4½in，这样地板到墙壁之间的距离小于8in或大于2in，使这段距离接近地板的尺寸均匀。这样使地板看起来更匀称，而不会在一边出现窄条，另一边则出现较宽的条（图6.16）。

图6.16 为了让最后一排砖均匀，重新确定中线

一旦乙烯块材地板精心布置好，图案匹配好，就可以开始铺设了。如果块材是自粘式的，只需将背面的纸撕掉，把它粘在垫层上即可，然后再碾压保证块材与垫层粘牢，这种块材地板不需要胶粘剂。

对于不带自粘剂的乙烯块材地板，根据厂商说明混合一些胶粘剂，用凹槽灰刀以45°角的方向，或者用碌子把胶粘剂刷在房间面积1/4大的地面上，沿着一条粉笔画线起铺，每次只在一个象限面积里铺设块材（图6.17）。

胶粘剂在15min内可达到合适的稠度，这个时间也随房间温

图6.17　每次只在1/4地面内刷胶

度和湿度的不同而不同。你摸一下胶粘剂，如果还很粘，就说明还没干好。只有达到尚未干透但不粘手的程度，才可以铺设乙烯块材地板。

在粉笔画线的交点开铺第一片块材，如果它没有铺好，将会影响以后所有块材的铺设。块材相互对接铺设，不用留缝隙。不用把块材滑到铺设位置上，必须先把它放到胶粘剂上再压实。沿两面墙交替铺设，这样会使块材地板的膨胀和收缩相互抵消，从而改善地板的外观。当你铺到最后一排块材时，拿一片块材放在空地上，做好标记，用剪刀沿着标线裁剪块材（图6.18）。

当遇到管道和通风口等需要在地板上开口洞的障碍物时，用纸模板把要开的洞口形状画下来，用剪刀按这个形状把块材地板裁剪，把开好洞口的块材地板沿障碍物放好，用足量的胶粘好（图6.19）。

当所有的乙烯块材切好粘好后，从房间中心向四周碾压地板。如果有高低不平的地方，把块材下面多余的胶去掉，再涂一薄层胶粘剂，把地板放回原处，这样地板就会很平整。如果地板表面有多余的胶粘剂，蘸着可溶性溶液擦掉并晾干。

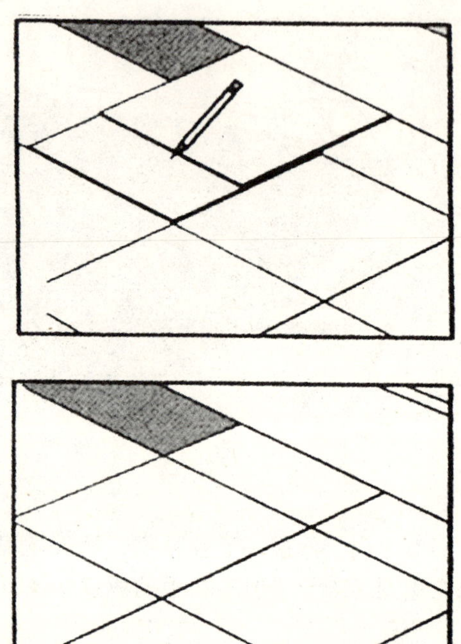

图 6.18 边缘地板的标定和裁剪

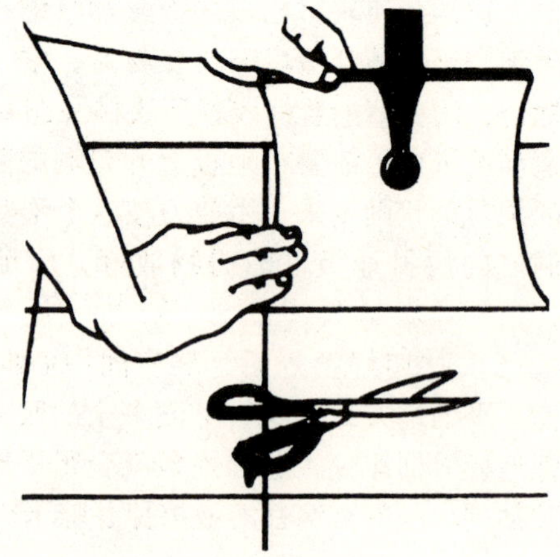

图 6.19 沿障碍物边缘地板裁剪

虽然每一片块材周围都有缝隙，但也没必要使用填缝剂。块材地板要的就是这种效果：看起来一块一块的，就应该让它名副其实。铺设时让块材地板对接已经产生了一种紧密、连贯的视觉效果。

弹性乙烯地板有大量的图案可选，耐磨性好，铺设过程快，价格便宜。遵循上述这些介绍和窍门就会得到一种漂亮的、经久耐用的地板。

第 7 章
竹地板的铺设

竹地板是新近出现的硬木地板的替代产品，这种材料因为具有非常好的耐磨性能而成为质量较高的地板。竹地板的耐磨性较强，适合竹地板的房间包括厨房、浴室和起居室。竹地板天然的抗水性能适合地表潮湿的房间。

竹地板自身天然的外观把它与木纹粗糙的硬木区分开来。它冬暖夏凉，走在上面很舒服。与硬木地板相比，至少在价格方面，竹地板是比较合理的选择。竹地板比某些硬木还要硬，从节约角度来讲，竹地板是比较好的选择。竹地板的硬度和硬枫相同，比红橡的硬度高 50%。

与木材相比，竹地板具有更致密的纤维，因而它的耐磨性较强。绝大多数竹地板的表面封有 UV 抗划层，从而使它不会有划痕。

竹地板的性能比硬木地板的性能更为稳定，它的伸缩变形比任何常用硬木（包括橡木和枫木）都小。至于竹地板的铺设方法，和硬木地板的铺设相同，可使用胶粘法、钉固定法或者不固定法。

绝大多数的竹地板条都封上几层聚氨酯，经过紫外线硬化处理，因此清洁起来更容易，只需用湿拖把或柔性木材清洁器就能维护好几年。

1. 关于竹子

竹子是一种生长速度极快的植物，有的竹子甚至一天之内生长的高度能超过3ft。竹子的种类有上千种，都有发达的根系，这种根系使竹子在砍伐几十年之后还能再生长。绝大多数竹地板选用Moso竹子，Moso竹子是所有竹子中硬度最大的一种，生长4～6年就可以砍伐，这时Moso竹子能长到90 ft高，直径可达到8～12in。

竹子的生长速度快，属于可再生资源，从生态上讲，选择竹地板做地板非常好。用来做地板的竹子长成后，动物不吃这种竹子，因此，从保护野生动物的角度来说，用来做地板的竹地板并没有抢夺野生动物的食物来源。

一片片平整的竹地板条是从竹子厚壁的中心部分碾压而成的，然后这些竹地板条放到硼酸溶液和石灰水溶液中煮沸，这两种溶液能把竹地板中的浆除掉，这种浆容易吸引白蚁和powder post甲虫，经过这两种无毒驱虫剂的浸泡，竹地板可以免受害虫的侵袭，在制成成品之后仍然有效。

把这些竹地板条在窑中烤干，再打磨光滑，然后把竹地板条拼在一起做成单层板，再把几层这样的板压制成多层竹胶合板。

2. 竹地板的类型

竹地板有两种类型：水平型和垂直型，两种都仅有长条板。这两种类型的竹地板都有传统的带有配边的榫舌结构。标准的竹地板宽3⅝in、厚15/32～5/8in、长36in或72in。竹地板固有的自然斑点图案使竹地板看起来很和谐。

(1) 水平型

水平型或平压竹地板的表面有较宽的线条贯穿整个表面（图7.1）。这种地板具有相当开阔的视觉效果，使任何铺设它的地方显得更宽敞。

(2) 垂直型

竖竹地板或侧压竹地板的表面质地比横竹地板更紧密（图7.2），使地板看起来更协调。

图 7.1 水平型竹地板构造

3. 竹地板的颜色选择

作为一种天然产品，竹地板只有两种色：一种是原色（浅），另一种是碳化色（图 7.3、图 7.4）。但竹地板也可以预制成无色产品，然后涂上各种颜色的水基涂料或染色剂。色漆干透之后，应封上几层聚氨酯薄膜，这样会保持原色或碳化色及原有的硬度和耐磨性能。

图7.2 垂直型竹地板构造

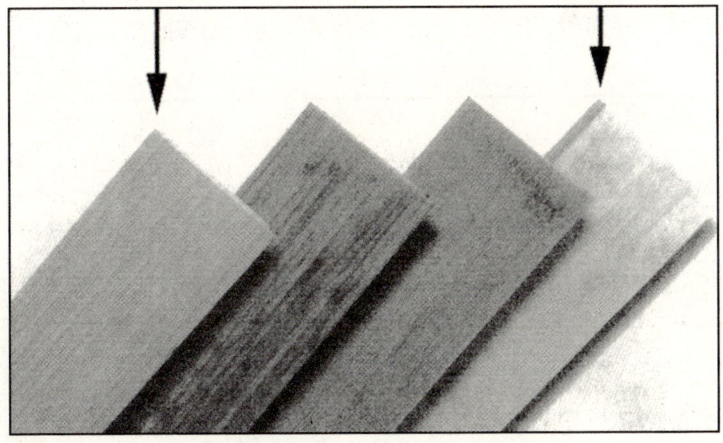

图7.3 原色水平型和垂直型竹地板

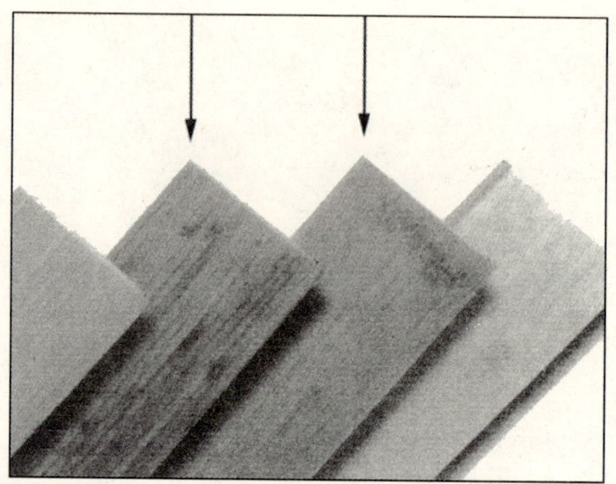

图 7.4 碳化色水平型和垂直型竹地板

4. 竹地板地面的测量

竹地板地面测量过程与硬木地板相同，把房间长宽相乘得出总的平方英尺数。如果在不规则形状的房间里铺设地板，把不规则形状分成几部分规则的形状，计算每一部分的面积，再把所有部分的面积加起来，就得到房间总的平方英尺数。确保在总面积基础上加上 10% 损耗面积，图 7.5 给出了如何确定房间面积的简单表格。

平方英尺

房间长度		8′ 2.44m	10′ 3.05m	12′ 3.66m	14′ 4.27m	16′ 4.88m	18′ 5.49m	20′ 6.10m	22′ 7.15m
	8′ 2.44m	64 / 5.95	80 / 7.43	96 / 8.92	112 / 10.41	128 / 11.89	144 / 13.38	160 / 14.86	176 / 16.36
	10′ 3.05m	80 / 7.43	100 / 9.29	120 / 11.15	140 / 13.01	160 / 14.86	180 / 16.72	200 / 18.58	220 / 20.45
	12′ 3.66m	96 / 8.92	120 / 11.55	144 / 13.38	168 / 15.61	192 / 17.84	216 / 20.07	240 / 22.30	264 / 28.63
	14′ 4.27m	112 / 10.41	140 / 13.01	168 / 15.61	196 / 18.21	224 / 20.81	252 / 23.41	280 / 26.01	308 / 28.63
	16′ 4.88m	128 / 11.89	160 / 14.87	192 / 17.85	224 / 20.82	256 / 23.80	288 / 26.77	320 / 29.74	352 / 32.72

房间宽度

图 7.5 房间计算表格

竹地板成箱出售，每箱的面积数一定，产品标签上标明每箱有多少面积的竹地板。

5. 铺设竹地板需要的工具

以下是铺竹地板需要的工具清单，包括测量、切割和辅助工具。

工具清单

√ 硬木地板敲钉机
√ 橡皮锤
√ 榫头锯、圆锯或手锯
√ 3/32in（2mm）钻头的电钻
√ 拔钉锤
√ 钉凿
√ 直角尺
√ 卷尺
√ 撬杆
√ 5in灰刀
√ 粉笔线
√ 地板用螺钉
√ 施工用纸或 15lb 油毡地板贴面
√ 硬木地板钉（1¼in或1½in）
√ 直装饰钉（2in）或标准装修钉

小窍门

竹地板的颜色自然而来，没有经过染色，因此色差较为明显，原色竹地板从白色到淡黄色，同一箱地板或不同箱的地板中都会有色差出现。如果选择碳化色竹地板，这种地板经过蒸养过程形成较深的颜色。竹地板的色彩是天然的，并非缺陷，客户必须在铺设前意识到这一点。铺设前打开几箱地板，将这些地板混合起来，这样可获得最佳效果。

每次铺设并非要使用到上述所有的工具，根据垫层种类和铺设方法，有一些工具不是必选的。要确保所有这些工具都随手可及，这样才能在施工中不会延误时间。

6. 垫层

竹地板可铺设于胶合板和瓷砖等标准垫层上，在这两种垫层上铺设竹地板，都需要对垫层进行特殊处理。在辐射供暖的地面上，建议不要铺设竹地板，因为温度变化会引起竹地板的伸缩变形。

7. 胶合板垫层

胶合板垫层是铺设竹地板理想的垫层。确保胶合板厚度至少达到5/8in，接头错缝排列。沿着每片胶合板周边用钉子固定好，钉子钉入胶合板后，用钉凿把钉头凿成与胶合板表面齐平。如果胶合板上有沟缝或小洞，用木质填充剂填平并晾干。检查垫层的平整度，确保没有鼓包或隆起出现，用砂纸把鼓包或隆起磨平，用找平剂把低洼处填平，而且别忘了在房间四周预留伸缩缝，缝宽不超过1/4in。另外还要把垫层表面打扫干净。

检测竹地板的含水率，含水率不得超过12%。在正常的铺设条件下，如果含水率太高，就应推迟铺设，升高房间温度或增强通风，使含水率下降。

8. 混凝土垫层

混凝土垫层上也可以铺设竹地板。在混凝土垫层上铺设竹地板最关键的因素是含水率超标。混凝土垫层，尤其是地平面以下的混凝土地面，含水率较大。首先要检测地面的含水率，确保含水率低于12%，如果湿度太大，在整个混凝土层上铺设一层15lb油毡，然后在油毡上铺设胶合板垫层。如果湿度在允许范围内，你可以用胶粘剂把竹地板直接粘在混凝土垫层上，与其他垫层一样检查平整度。在铺设竹地板之前，填平所有的小洞，磨平所有隆起或突出来的地方。

9. 铺设竹地板块前的准备

对竹地板而言，房间湿度水平是最重要的因素之一。竹地板是一种活性材料，会随着湿度的变化而变化。在全年中，四季的湿度都要保持在40%～50%之间。

如果在新建的建筑物里铺设竹地板，供暖系统需要保持71℉，且至少开放一周；全部抹灰粉刷和混凝土工程必须干透，竹地板会从任何未干透的结构中吸取水分。房间任何部分的含水率会影响房间的湿度，使铺好的竹地板不稳定。

在铺设竹地板之前，应该将竹地板从包装箱内取出，在房间里至少放置24h，以适应房间环境。把几箱竹地板混合在一起，使地板看起来更自然。

如果不需重新铺设垫层，应先把所有的踢脚板拆掉，把木线和压条都拆掉并保存好。用手锯把门框底端锯短3/4in，为铺竹地板条预留空间（图7.6）。

图7.6 把门框底端锯短

10. 竹地板的铺设

无论选用钉固定法还是胶粘法铺竹地板，你必须确定竹地板条的铺设方向。把竹地板条沿着最长墙壁平行铺设，尽量使地板条与垫层接头垂直放置，如果这两种方案都不可行，则沿45°角方向铺设竹地板。

11. 钉固定铺设

对于宽度为2¼in 的竹地板条，从最长墙壁量出3in 距离的地方画一条直线（图7.7），这个3in 的距离包括竹地板舌边宽度以及房间四周距墙伸缩缝的宽度。

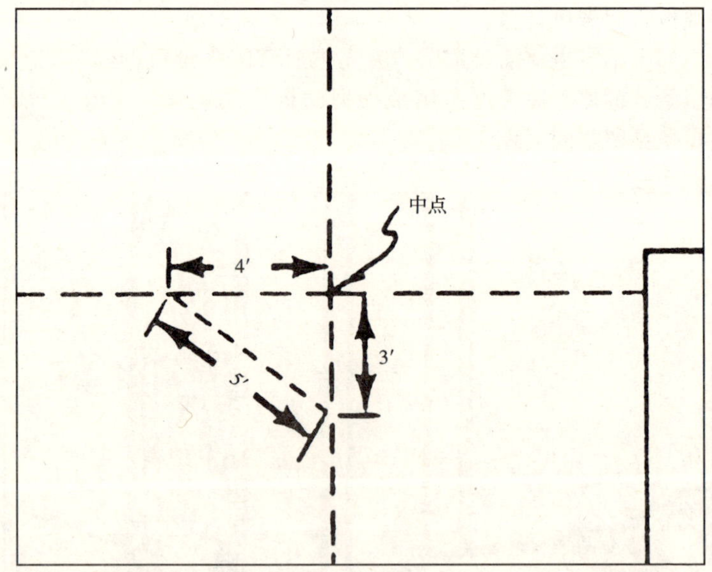

图7.7 画粉笔线

如果竹地板条的宽度为3¼in，就要从最长墙壁量出4in的地方平行画一条直线，这条直线必须与相邻墙壁成90°角。第一条指导线必须准确，因为它是决定整个铺设过程的基准线。

挑选出首先铺设的3排竹地板，按照预定的布局干铺这3排地板。要为这3排选出地板中最直的地板条，在挑选地板条上多花点儿时间，会使地板看起来自然又精致。对于有瑕疵的地板条，把瑕疵部位切割掉，做调整板使用；有的地板条颜色较深，可以布置在不引人注意的地方。

沿着墙壁铺设第一排地板条，把地板条带舌头的一边贴着指导线放置。沿房间四周预留伸缩缝（图7.8）。等铺设过程一结束，踢脚板或木线会盖住这些缝隙。

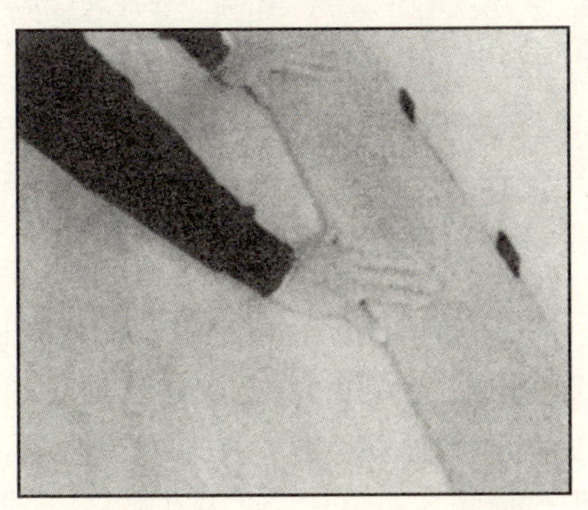

图7.8　把第一块地板条舌头的一边贴着指导线放好

第一排竹地板必须用直螺钉（或装饰钉）固定好。每隔12~16in在地板边缘钻1in深的眼，把钉子钉到眼里，要避免竹地板劈裂。由于墙壁的障碍，前几排地板条必须用手工钉钉子，而不能使用电动硬木地板敲钉机。当距墙的间距足够大时，就可以使用电动敲钉机，选用1¼in或1½in的钉子。

还需测量和切割竹地板条才能完成第一排地板的铺设。铺第一排竹地板时，切割剩下的部分可用来做第二排地板的开头，这样可以减少浪费。铺设第一排地板时选用足够长的地板条，这样才有足够的空间开始第二排地板的铺设。沿着房间四周预留距墙1/4in宽的伸缩缝（图7.9）。

图 7.9 地板边缘与墙壁之间预留 1/4in 的伸缩缝

开始铺第二排地板时，第一块竹地板的长度比第一排的第一块地板至少长或短 6in，这样才能避免任何接头分布在同一条直线上或者群聚在一起。把地板条放在地上，在带舌头一边沿 45°角方向钻个眼儿，每隔 8 ~ 10in，使用直螺钉（或装饰钉）把地板固定好（图 7.10）。

图 7.10 每隔 8 ~10in，用直螺钉（或装饰钉）固定好地板条

后续地板都按照与上述相同的方法铺设。一旦离开墙壁的距离足够大，就可以使用电动敲钉机加快铺设进程。预先布置6~8排的地板条，取得过渡自然的色调和长度，这样做还能保证接头错缝分布，不会聚在一起，并且地板的外观看起来更加自然。在铺设下一块地板条之前，把正在铺的地板条用钉子固定好。在你走动的时候，把硬纸板盖在已铺好的地板上，以免它们在后续铺设过程中被损坏。

小窍门

使用手动硬木地板敲钉机时，以下几条经验会让铺设进程更容易。把敲钉机放在一块胶合板或硬纸板上，能使新地板免受损坏。同时，如果你站着使用敲钉机，钉钉子的时候很容易使劲。对未完全钉入地板中的钉子，用锤子或钉凿把钉子头敲进去。保证敲钉机距离地板条有足够的距离，以免损坏地板。

当遇到地面障碍物，例如通风口和管道，只要做个简单的纸模板，把它贴在地板条背面，用手锯仔细把多余部分锯掉，再把锯好的竹地板铺设在相应位置上即可（图7.11），这种地板条与其他地板条的铺设方法完全一样。

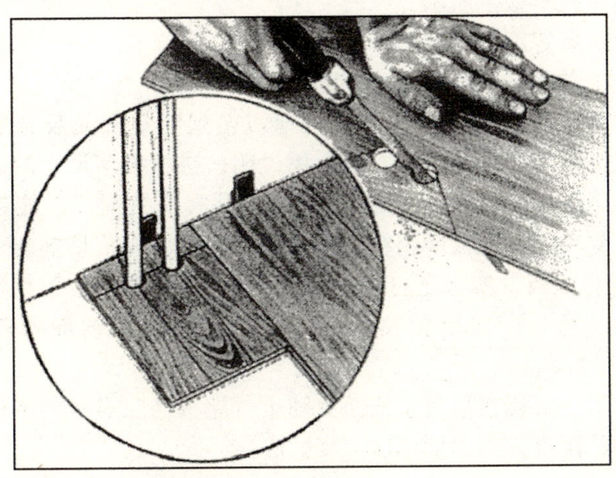

图7.11　为绕过障碍物在竹地板上开洞口

当你铺到最后一排地板时，由于距离墙壁太近，必须手工钉钉子。钻头、直螺钉（或装饰钉）和钉凿会帮助你固定地板。对于最后一排地板，因为墙不会绝对方正，需要切割地板。把地板条放在要铺的地方，沿长边做个标记，这会给你一个开锯的角度，使地板条锯开后能与实际位置紧密贴合。用一把圆锯或手锯锯开地板，之后固定在相应位置上。

一旦地板铺设完毕，就把踢脚板、木线和通风口等覆盖物重新装好。彻底地用真空吸尘器把地板吸干净，再往抹布上喷一点竹地板清洁剂，擦去所有浮尘，但不能直接喷到竹地板上。还有一个好主意，就是在家里保存几块地板条，用于将来可能发生的损坏修补或天气变化引起变形的修复。

12. 胶粘法铺设

胶粘法包括同钉固定法一样的注意事项和切割方法。房间四周预留与墙壁之间的伸缩缝仍然十分必要，墙和地板边缘之间的伸缩缝宽度保持在 1/4in。沿着最长墙壁开始铺设第一排地板，根据地板条的宽度，用粉笔在距离墙壁一定距离处做一条标记线，这段距离如下所示：

地板条宽度 2¼in = 房间四周距墙 3in

地板条宽度 3¼in = 房间四周距墙 4in

你可以用聚氨酯胶粘剂把竹地板粘到混凝土或胶合板垫层上，保证遵循印在外包装上的使用说明，选择推荐尺寸的泥刀和建议的干燥时间。每次仅在铺设范围内涂胶粘剂，不能超出太多，以免在铺设地板前胶粘剂已干燥。如果你涂胶粘剂的面积有 6 ~ 8 排竹地板，就有充裕的时间进行测量、切割，在胶粘剂干透之前铺设地板。如果胶粘剂干得太快了，涂抹的面积就要小一些。

如果你直接在混凝土地面上铺设竹地板，应确保测试过混凝土地面的湿度，推荐使用以下测试法：

> **小窍门**
>
> 竹地板与硬木地板相似，都受湿度和温度的影响，因此，如果房间宽度超过20ft，在此房间铺设竹地板就要格外注意，要从房间中心起铺，而非沿着最长墙壁开始。用钉子将开头的地板钉好，然后向两个方向开始铺，预留需要的伸缩缝。这种铺法可使地板获得更大的变形空间，有助于避免以后可能发生的翘曲和扭曲变形。

- 氯化钙测试法
- 多层薄膜测试法
- 酚酞测试法
- 销钉或无销钉温度表

如果必要的话，通过精确切割来完成最后一排竹地板的铺设，并重装所有踢脚板、木线和压条。

13. 竹地板表面砂纸打磨见新

像绝大多数硬木地板一样，竹地板也可以打磨和染色。使用和硬木地板相同的染色技术和打磨方式，包括圆筒、皮带和边缘打磨机。对于打磨好的竹地板，选用水性或油改性漆比较合适。等涂料或染料晾干之后，再涂上聚氨酯漆。只有自始至终按照漆桶上生产商的使用说明来操作，才能获得最好的效果。

避免阳光直射在竹地板上，记住，竹地板是一种自然产品，会受到光线的影响。时间长了，无论自然光或人工光线，都会使竹地板褪色。地板颜色越浅，退色越明显。你可以用地毯遮盖，或者在地板上的不同区域重新布置家具，或者使用织物阻隔紫外线阳光的直射。

不要在竹地板上使用蜡、油基清洁剂或其他家庭清洁剂，这些能使地板失去光泽，使地板光滑、不易清洁。应使用十分温和的清洁剂或稍湿的拖把来清洁和维护地板。

若干年后，给竹地板重新饰面或换一种颜色都很简单。像其他硬木地板一样，如果正确维护和保护的话，竹地板的寿命会较长。

竹地板使用历史不长，但似乎未见负面评论。只要你和客户意识到竹地板的色差纯属天然的，竹地板就是硬木地板的非常不错的替代品。

第 8 章
砖地面

绝大多数人不把砖看作一种真正的地面材料，但是在过去 10 年里，对于那些想为客户提供与众不同、更丰富的外观的设计师和建造师们而言，砖已经成为一种重要的地面材料。砖在住宅工程方面的使用正在变得更普遍，而不是严格的合同订制。除了作为墙面装饰这种较常用的选择之外，砖用于地面装饰已经成为下一个发展阶段。

虽然你会在大多数墙面上全部用砖，但在地面上，一种新的方法却是只在上部或边缘部分选用砖，这种做法无需担心砖对垫层的压力超过极限。跟瓷砖一样，在任何垫层铺砖，都必须确定砖的重量。

砖地面非常适合人流量大的区域，例如门厅、厨房和洗衣房。一旦正确地把砖封闭好，砖地面就能很好地防水、耐磨，可使用几十年。

在价格方面，砖地面比绝大多数地面材料贵。但是，如果正常维护的话，砖地面能使用终生。考虑好是选用能终生使用的地面材料，还是需要更换几次的地面材料。地面铺好后，维护比较简便，只需简单清扫并用湿润拖把擦拭就可快速打扫干净。

1. 砖的类型

通常你可以选用任意标准的砖铺地。铺砖的关键在于，任何一种砖，实际只需要其 1/2in 厚的上半层砖。如果砖的渗透性太强，当切割成薄砖时，用作地面材料就会变脆。因此应选择一种表面平滑的砖。

砖由黏土或赤土烘烤，并在1500℉的窑里烧结而成。生产工艺决定了砖是一种渗透性材料，需用密封材料密封，防止沾染污迹。若是陶砖，就用陶制密封剂，或选择不会变黄的聚氨酯密封层，这种密封层光泽度很好。

砖的颜色非常传统，工业上通用的主要有16种颜色。根据工程需要，记住砖地面使用寿命很长，因此需要选择一种超越时尚和潮流的颜色（图8.1）。

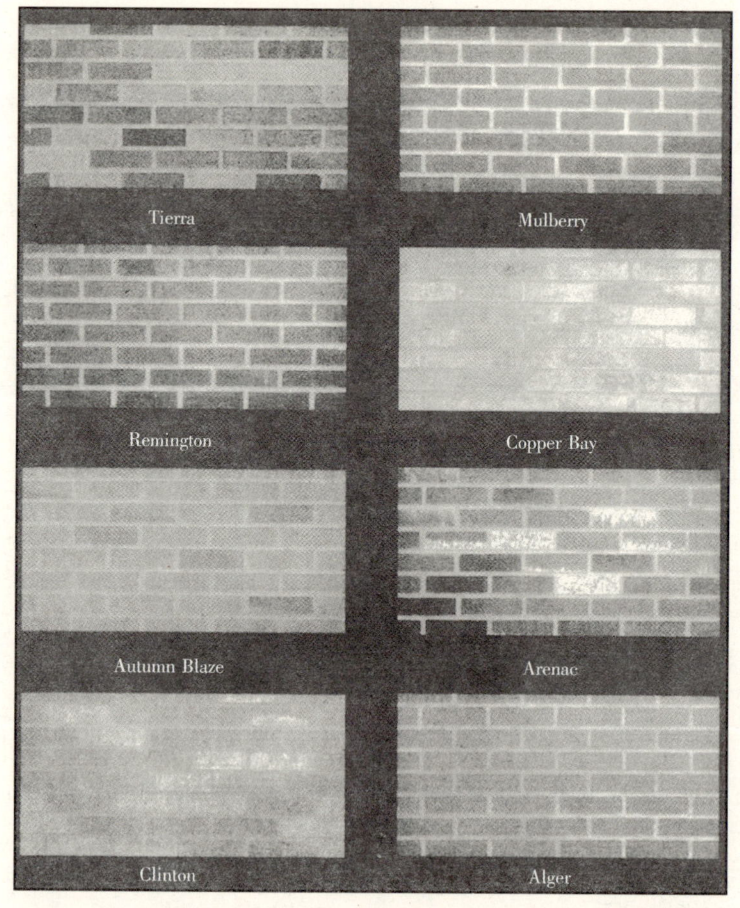

图8.1 砖的颜色（一）

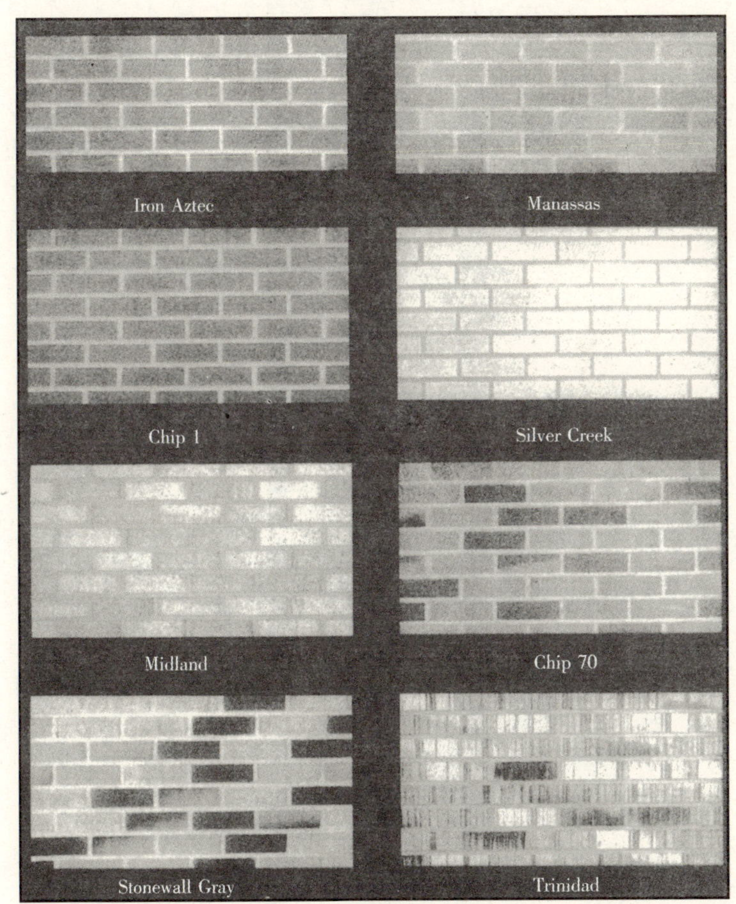

图 8.1　砖的颜色（二）

每块砖的尺寸都是标准的。长度为 7⅝in，宽 2¼in，高 1/2in。砖也可以用做踢脚板盖缝条和楼梯踏步。请参考图中可供选择的砖的种类（图 8.2）。

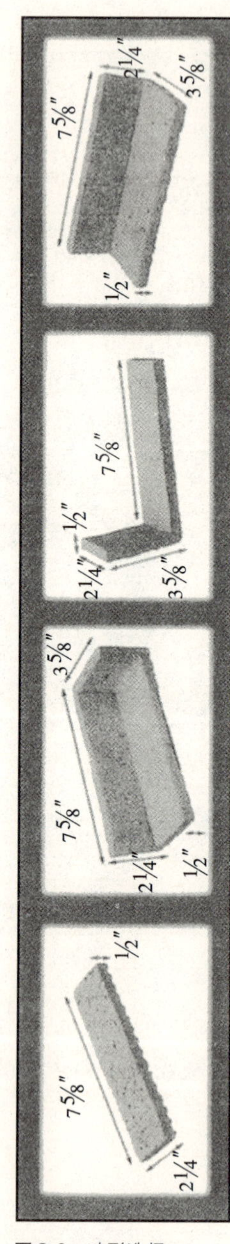

图 8.2 砖形选择

2. 房间测量

测量铺砖地面的面积，计算总的平方英尺数。用房间的长乘以宽，计算面积有助于确定铺设需要多少块砖。记住要加上 5% ~10% 的误差和损耗量。根据砖的图案和布局，每 4 块砖通常覆盖 $1ft^2$ 的面积，这里包括砖与砖之间的宽度5/8in的勾缝面积。

3. 砖片铺设需要的工具

以下是铺砖所需的工具清单。凡涉及到勾缝剂或胶粘剂，一定要依据产品包装上的使用说明操作，以获得最佳效果。

工具清单

√ 金属丁字尺
√ 粉笔线
√ 卷尺
√ 1/4in 锯齿泥刀
√ 带金刚石刀刃的湿砖锯
√ 橡皮锤
√ 勾缝剂抹子
√ 水平仪
√ 薄粘结层砂浆
√ 短绒毛辊子
√ 砖的密封材料
√ 勾缝剂
√ 砖塑料定位垫块

铺砖过程中，上述所有工具都是必需的。对于垫层的施工，尚需要另外的工具和设备。

4. 垫层的准备

砖地面材料可铺设在混凝土或正确处理过的胶合板垫层上。

当完成时，铺设在垫层的砖是重量最大的地面材料，因此需要较强的支撑。

混凝土垫层

如果要在混凝土地面上铺砖，混凝土地面必须干净平整。在混凝土地面上铺设任何地面材料，很重要的一步就是要检查混凝土垫层的湿度是否合适。在使用砖的胶粘剂之前，应在混凝土垫层上先铺一层防潮层（图 8.3）。在混凝土垫层上铺设胶合板垫层时，同样也可先铺一层防潮层。

一旦混凝土地面找平并做好了防潮层（若需要的话），你就可以直接涂抹胶粘剂，然后开始铺砖（图 8.4）。

另一种垫层是原有或新铺的胶合板垫层，同任何类型的垫层铺设方法一样来铺设胶合板垫层。使用 AC 级胶合板使接头错落排列，钉子钉入胶合板表面并填平，以获得光滑平整的表面。

5. 地板布局

砖地面有许多图案可选，例如连续粘贴图案（图 8.5）、方平图案（图 8.6）、梯形图案（图 8.7）和人字图案（图 8.8）等等。

任何一种图案都会给房间一种不同的效果。选择图案时要注意切实可行，并且与房间的风格一致。

6. 砖地面的铺设

沿房间的最长墙壁，找到它的中点并做标记，然后测量房间宽度，找到中点并做标记。各个方向的两个中点用粉笔连成一条直线，两条直线相交，确定房间中心。

这时你应该确定已经敲定了地板图案。在垫层上混合并涂抹胶粘剂之前，先干铺几块砖，感觉一下图案的大致模样。

先混合一定量的薄粘结砂浆，搅拌成类似牙膏的稠度。不应

图 8.3　在混凝土地面上铺设防潮层

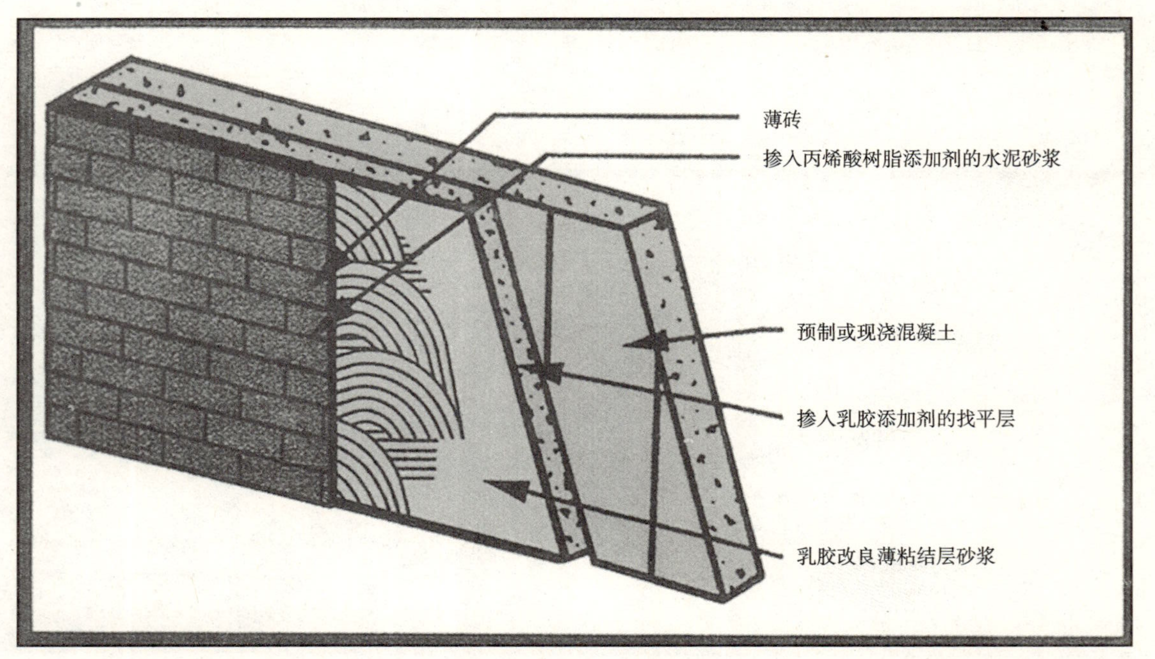

图 8.4 在混凝土垫层上直接铺砖

图 8.5　连续粘贴图案

图 8.6 方平图案

图 8.7　梯形图案

图 8.8　人字图案（一）

图 8.8 人字图案（二）

让它硬化，等到像牙膏那么稠之后，就可以涂抹在垫层上。一次混合的量不要超过 20 ~ 30min 内能完成的量。水泥灰尘非常大，因此宜在室外或车库等通风良好的地点拌制砂浆。为了让砖粘得更牢固，推荐使用乳胶改性砂浆，这种砂浆的操作时间相对较长。

用 1/4in 锯齿泥刀把砂浆抹在垫层上，不要把砂浆弄到砖表面上。把泥刀倾斜成 45°角方向，将砂浆抹成平整的砂浆层，有助于把砖固定牢固（图 8.9）。

沿房间中心的指导线开始铺砖。每块砖都要压实，一定让砖嵌入砂浆层。仔细沿着粉笔线铺砖，要是最先铺的砖稍微不平整，就会影响到后面所有的砖不能对齐。砖与砖之间一定要给勾缝预留 5/8in 的空隙。用塑料定位垫块来保证勾缝的空隙宽窄均匀（图 8.10）。

要对砖进行切割，使用金刚钻刀刃的水锯来切割。用凉水给水锯降温，以便使每次切割都能获得非常平整的切面。

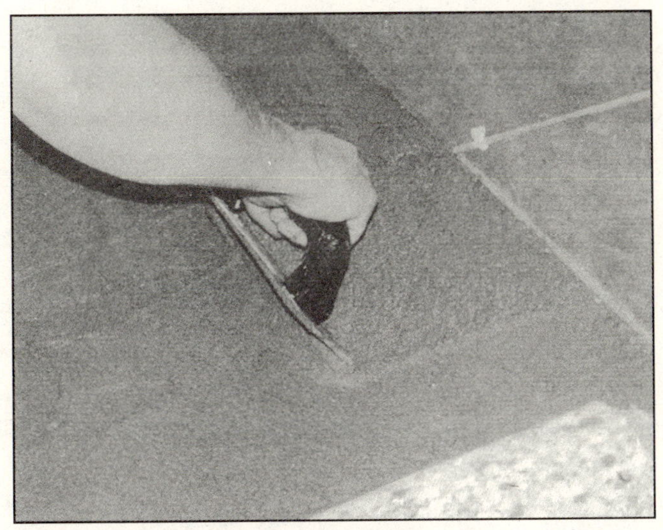

图8.9 用1/4in凹槽泥刀倾斜成45°角方向涂抹砂浆

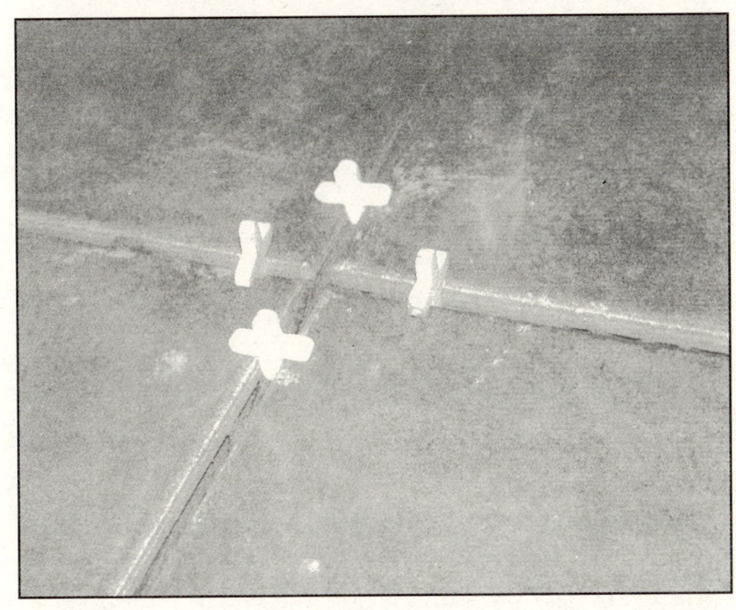

图8.10 预留5/8in勾缝空隙，使用塑料定位垫块定位

需要开洞口时，应根据实际形状用水锯对砖进行切割。由于砖质地松脆，若切割动作太快或离边缘太近就容易破碎或开裂，因此切割和测量砖时不要着急。铺砖前，要在容许范围内给所有空间和设计预留误差量。

等砖地面干燥了，把所有定位垫块拔出来，用短绒毛辊子刷一层砖的密封材料，将有助于防止砖把勾缝剂中的水分吸走。刷好密封剂以后，在上勾缝剂之前，至少要干燥24h。

密封剂干燥后，按照与瓷砖地板同样的方法上勾缝剂，可从两种适合砖地面的勾缝剂中二选一。标准砂制砖勾缝剂看起来很干净，也较易施工，因此绝大多数瓷砖地板都使用它。若想让缝隙看起来跟砖表面一样，可选择砖地面用砂浆勾缝，这种砂浆用S级别的砂浆砂子，3锹砂子兑1锹带水砂浆。一次混合30min工作量的砂浆，用泥刀背面把砂浆抹到砖缝里。抹完一部分勾缝剂，留出时间让它干燥，然后用干净的湿海绵擦去多余的砂浆，使砖缝与砖表面齐平，勤洗海绵勤换水。全部砖缝勾好后，再用湿海绵擦去地面上的砂浆痕迹。

在使用勾缝剂密封材料之前，推荐用盐酸把地面清洗干净，这样可以使没涂上勾缝剂的地方防潮，并把砖上多余的勾缝剂洗掉。

小窍门

用水锯切角时，向中间推的同时将砖抬高以便切割方正的边缘。在切割之前将砖浸泡是一个好主意，这将有助于去掉砖上的大部分灰尘。

用密封剂封闭砖地面，从水基密封剂和不变黄的聚氨酯密封剂中选一种。若使用水基密封剂，可以不用等地面干燥，随时涂刷到砖地面上。若选择聚氨酯密封剂，必须等砖干燥30天后才能上密封剂。这两种产品都属于易燃物，所以一定要在通风良好的地方施工，而且施工完毕后要正确处理所有的余料。在整个地面使用密封剂之前，先在一小片地面上试验一下，某些密封剂使用后会使砖变黑。施工时先沿着砖周边用涂料刷把密封剂刷上，然后用短绒毛辊子把密封剂刷在剩余地面上。一定要按照产品包装上制造商的使用说明操作，以取得最佳效果。

砖地面是一种令人难以置信的地面材料，有大量的设计图案和饰面层可以选择。铺设比较费时，但是等到工程结束后会感到物有所值。

第 9 章
清洁、维护和修补

地板安装工程结束后，对于房主来说，最重要的常识就是搞清楚如何清洁和维护新地板。若想把新地板的外观维持住，最重要的事就是对地板的清洁和维护。

本章将讨论地板的日常清洁、基本维护和修补方面的小贴士。看似简单的任务其实对地板的使用寿命非常重要。了解相关的常识会使自己的劳动成果更加赏心悦目，并能保证地板有较长的使用寿命。

1. 地毯的维护

绝大多数地毯从制造工艺上可分为割绒式和圈绒式两种。种类不同、质量各异的地毯在清洁和维护时，使用的方法也不尽相同。割绒地毯由致密的纤维组成，这些纤维只是外层经过染色，纤维的中心为白色或奶油色。若没有像对圈绒地毯那么勤于维护的话，割绒地毯很容易磨损。圈绒地毯的纤维全部经过染色，这种地毯外观更好，使用时间更久。

虽然绝大多数地毯都经过某些抗污剂的处理，但是仍然需要有规律地清洁和维护，那些抗污剂最终会被磨损消耗掉，而且需要重新上抗污剂，否则地毯需要频繁更换。

2. 地毯的日常维护

下面从如何保护地毯少受磨损、少积灰尘开始讨论。对地毯而言，最佳做法是至少每周一次用吸尘器将地毯吸干净。众所周知，地毯是个大型灰尘收集站，因此使用吸尘器时，注意调节设置，以便把绒毛深处吸干净。要使用吸尘器的边角吸尘功能，沿着地毯所有边角清洁，不能只在地毯中央吸尘，如果不清洁地毯边角，最终边角会变得很脏，很难清洁干净。还要记住不时移动家具，将家具下面也清理干净。

在人流密集区域，比如门厅或穿过房间的过道等地，可把小地毯放在大地毯上，以使大地毯最大程度地保持干净。当然，用吸尘器吸地毯的时候别忘了把这些小地毯也吸干净。

3. 地毯的清洁

尽管要根据人流和使用情况而定，但还是推荐你每 6 个月对地毯做一次清洁。常用的有两种方法：湿洗和干洗。绝大多数地毯两种方法都可以使用，但是每种方法都各自有优缺点，干洗法是较方便的一种方法，通常适用于不需要做深度清洁的地毯。

干洗法要使用按盒出售的净化剂泡沫，每盒都能用于一定面积的地毯。干洗法对地毯纤维的损害较轻，因为它是在干燥的状态下清洁，而且在使用净化剂泡沫 1h 之内就用吸尘器吸干净。因此，若对地毯纤维做轻度的清洁，最佳方法或许就是干洗法。

湿洗法是对地毯进行深度清洁的一种好的办法，你可以自己或请专业清洁服务机构来做。湿洗法是用水冲洗地毯使之变干净。湿洗法使用一种清洁机，它先把清洁剂溶液注入到地毯中去，然后像一台巨型工业真空吸尘器一样把水和污垢吸走。还有一种湿洗法，先用清洁剂溶液，然后至少用两把旋转式刷子把污垢擦洗掉。

湿洗法的缺点在于把地毯弄得太湿，从而使地毯下面的衬垫受损。因此，用湿洗机把地毯仔细清洗一次，而平时只需在很脏的地方喷去污剂即可。

使用去污清洗剂，注意一定要先在不引人注意的地方试用，以免使地毯褪色。若使用刷子蘸去污剂擦拭，注意用力不能太大，否则会使地毯纤维受到磨损甚至损坏，通常选用软毛刷，并轻轻地擦拭。

4. 普通地毯的修补

随着时间的变化，日常的使用也会让地毯易发生损坏和褪色的现象，以下是一些实用的修补和维护方法。

（1）地毯烧损

绝大多数地毯烧痕都发生在表面，只需用小剪刀把烧痕剪掉就行，对于烟头或壁炉工具引起的较严重的烧痕，则需要修补地毯，所需工具为一把锋利的小刀、热胶枪和地毯牵引机。

用小刀把地毯上烧毁严重的部分切割掉，切的时候尽可能切直一些，从地毯底部切割，不要切割地毯的纤维。距离烧痕 2in 的部分都要切割掉。把切下来的这部分地毯当作模板，从另外一块备用的地毯下脚料上剪下一块和模板形状一样的地毯来。若没有地毯下脚料，则可以从地毯上不引人注意的地方剪下一块做补丁，例如从衣橱的角落剪下一块补丁。

用热胶枪把补丁嵌到相应位置上，小心地把它压实，然后沿着边缘把地毯用胶粘在一起，注意不要把纤维粘住。用地毯牵引机把接缝处压平，并让地毯纤维混在一起，这样就看不出接过缝。

若地毯粘上污渍，而且用任何洗涤剂都无法清除掉污渍，也可以用这种修补方法。还有若地毯的某一部位严重磨损，同样也能用上述的方法修补。

（2）褶皱问题

地毯的另外一个常见问题是发生褶皱。引发褶皱的原因很多。其中一个原因是铺地毯时没能正确地拉展地毯，这样的后果是沿着固定夹条，地毯会发生松动的现象。另外一个引起地毯褶皱的常见原因在于，地毯内部严重受潮，引起地毯不均匀的扩张、收缩、再扩张。某些质量较好的地毯在使用一段时间后，也可能发生简单的褶皱现象。

去除褶皱最好的方法是把地毯重新拉展。若只想简单地把褶皱地方的地毯拉展，整个房间的地毯都会受到影响。除非把整个房间的地毯全部重新拉展，否则过不了多久，褶皱的地方又会重新出现褶皱。

5. 地毯间的过渡区

在房屋之间相连接的部位通常会使用金属或木质的过渡压条压住地毯，避免地毯发生松动。由地毯到瓷砖或者由地毯到硬木地板之间的过渡压条有很多种。随着时间的变化，这些压条可能被磨损或松动，这就需要重装。从地毯经销商或建筑设备供应商那里都可以买到地板压条。

绝大多数过渡压条是标准长度，以适合标准门槛。也有的压条长度不固定，可以随意裁减以适合任意尺寸的门槛。若在地毯和瓷砖之间或者地毯和混凝土地面之间选择过渡压条，建议在压条下面打一层薄薄的密封剂，然后用螺钉把压条固定好。这样既实惠又快捷，看起来地毯显得新颖别致。

接缝修补

频繁的使用，自然磨损还有地毯自身的质量都是地毯产生缝隙的原因。把缝隙变大处的地毯掀起来，旧地毯接缝胶带是为了把地毯粘在一起，现在要把这条旧胶带换掉。用接缝胶把地毯边缘密封起来，以防止地毯纹路变松散。切一条适当尺寸的新接缝胶带，把它放在地毯接缝的中央。事先把接缝熨斗调节到适当的温度，然后把熨斗直接放在接缝胶带上，让胶带上的胶融化 30s。慢慢地把熨斗从接缝胶带上拿开，用力把地毯接头压实在接缝胶带上。必须让胶干燥 24h，才能在地毯上行走。

6. 地毯污渍清除

讨论如何清除污渍之前，应该明白污渍的清除对地毯弊大于利。某些去污渍的商业产品的确能够漂白或者从地毯上清除污渍，但是许多清洁剂都含漂白添加剂，能够把地毯上所有的染色都漂白。

给地毯染色通常由经验丰富的地毯染色人员来进行。如使用常见的一些染色剂，例如织物染色剂、染发剂或者染鞋剂，通常这些颜色和地毯的颜色并不能精确地匹配，而且后来染的颜色很可能很快就褪掉了。下面是地毯常见的污渍和清除方法。

污渍	清除方法
锈迹	白醋或较淡的去污剂溶液
口红印	洗甲水、干洗水、去污剂溶液、氨水或白醋溶液
宠物污渍	去污剂溶液、白醋或氨水溶液
咖啡印	热的白醋溶液或去污剂溶液
血迹	先用冰过的去污剂溶液擦拭，以免血迹附着，再用热氨水溶液漂洗
蜡迹	用干净的白毛巾铺在干蜡迹上，用低温熨斗压在毛巾上，换用毛巾的干净部位，反复熨，直至蜡迹全部被吸到毛巾里
饮料痕迹	去污剂溶液、氨水溶液或白醋
指甲油	洗甲水或去污剂溶液
蜡笔或炭笔	干洗水或去污剂溶液
口香糖	用吹风机把口香糖软化，然后用塑料手套把它揭起来，再用干洗水把残留物清除掉
巧克力	干洗水、去污剂、氨水或白醋
钢笔水	洗甲水、干洗水、去污剂或白醋溶液
乳胶漆	去污剂或氨水溶液
鞋油	洗甲水、干洗水或去污剂溶液

经过正确维护的地毯应该能使用至少 10 ~ 12 年。关于地毯的使用寿命，地毯自身的质量和使用程度是关键因素，但是清洁和维护也同等重要。有时地毯损坏非常严重，例如遇到火灾或水灾，在这些情况下无法通过修补或者清洁使它恢

复原状。

若地毯遭遇水淹并被彻底浸透，也有抢修地毯的办法。切记，若地毯被水完全浸湿，下面的衬垫绝不能接着用，必须更换新的衬垫。衬垫没有干燥，就必定会滋生霉菌和细菌。水淹后立即更换衬垫既省时又省力。而试图把衬垫弄干并抢救被浸湿的地毯，毫无疑问事倍功半。

有两种方法可以把地毯里的水弄干。第一种方法是用专业吸尘器或租借能吸水的地毯清洁机。普通吸尘器不能用来吸水分，因为设计时就没有这项功能，而且在非常潮湿的环境里使用，容易造成触电事故。

使用吸水吸尘器，可以用它抽吸走所有的水。如果水渗到衬垫里，吸尘器不能够把水吸到地毯表面。这时，应该把地毯全部掀起来，晾到一旁让它干燥。然后把浸湿的衬垫揭起来，处理掉，保证地毯衬垫下面的地板完全干透。若地表还湿着，要马上擦干。湿地板可能很快发生翘曲并变得松动和不平。之后再换上新衬垫。

如果只是地毯表面被弄湿了，可以在不引人注意的地方划开一个长口子，把吸尘器的软管伸到切口里，在地毯下面吹风，这样会让地毯漂浮起来，形成一个通风层，加快干燥。

地毯干燥之前，把地毯里的脏水吸走非常重要。若没有尽最大可能把潮湿吸走，等地毯干了之后，霉菌很有可能残留在地毯里。

7. 弹性乙烯地板的维护

对于聚乙烯地板使用寿命的长短，保养和维护起着非常重要的作用。聚乙烯地板的耐磨性非常棒。但是若没有经过正确的维护，聚乙烯地板看上去很显旧。在这一部分中，将介绍日常保养聚乙烯地板的简单步骤，对于行情日渐看好的聚乙烯地板，将介绍一些能使之看起来更新的溶液。

8. 乙烯地板的日常维护

保养任何聚乙烯地板的首要步骤是用软毛扫帚清扫地板。不要用稻草扫帚，稻草扫帚的末端粗糙，能把地板表面划坏，而且稻草扫帚在打扫灰尘和砂砾时，不能完全扫干净。对于聚乙烯地板而言，最佳的清扫工具是一把软毛直边扫帚。

人流密集区域通常选用聚乙烯地板。来往的脚步常常把灰尘和砂砾带进来，落在聚乙烯地板最上层。若每天打扫地板，砂砾留下的可能性很小，也不需要频繁地用拖把擦洗和打蜡。

除了清扫地板，还有一个很好的保养方法，即在踏上地板之前，把鞋脱掉。若聚乙烯地板铺在车库里或者车道上，鞋底会把汽油和其他碎片带到聚乙烯地板上，并且嵌入到地板中。时间长了在地板上会形成一条黄色的小路，而且不可能去除掉。

另外一种保养方法是用小地毯或长地毯盖在聚乙烯地板上，以阻止污渍和灰尘接触到地板表面。不要选用橡胶底的小地毯，因为时间长了，橡胶底子会使聚乙烯地板褪色。

维护聚乙烯地板的下一步骤是用拖把擦洗。根据聚乙烯地板表面的不同，有大量的工业用溶液可以清除灰尘和表面污渍。

在未打蜡的地板上，做清洁和去除污渍都很容易，但是要保证使用的清洁剂适合聚乙烯地板。并非所有的清洁剂都适用于所有的地板，有的清洁剂对地板饰面层可能造成无法补救的损坏。要保证避免使用带有摩擦性能的清洁剂和去污剂，否则会划伤地板。某些清洁剂被擦干净之后，依然会有摩擦物的残留物。通过使用湿海绵和拖把，这些残留的摩擦颗粒可能被散布开来，必定会引起地板的损坏。只需用海绵粘上柔性氨水溶液或者水，就可以彻底清洁聚乙烯地板。

记住要挪开家具和设备，彻底打扫和擦洗家具及设备底下的聚乙烯地板。若长久不清洁这些地方，这里的地板就会褪色。等到想重新布置家具和设备，就会暴露出褪了色的地板。

聚乙烯地板的另外一个问题是压痕和划痕。既然聚乙烯是一种柔性产品。当设备和家具放在其上，就有可能留下压痕，所以往聚乙烯地板上放置设备，或在房间里移动时，应用小地毯或复合木板垫在设备下面，小心地把设备挪动至新的位置上。在每个腿底部套上保护套，能避免对地板造成压痕和划痕。家具或设备越沉，腿上保护套应该越宽（如图 9.1）。

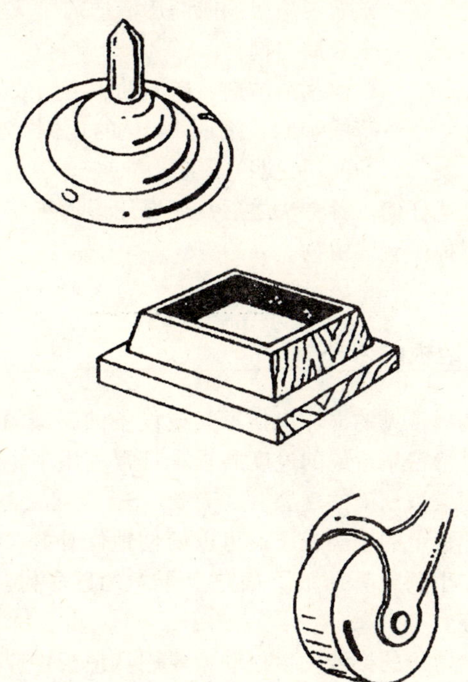

图 9.1　为保护地板，家具腿底部装上防护套

污渍清除

以下是聚乙烯地板常见的污渍及其清除方法。

污渍	清除方法
鞋跟印	非摩擦型家用清洁剂、外用酒精，轻微磨损痕迹可用铅笔擦擦掉
油漆	若是湿油漆，用矿质油漆溶剂；若是干油

	漆，用塑料薄刮铲铲掉
记号笔	矿质油漆溶剂、洗甲水或外用酒精
蜡迹	凝固后用塑料薄刮铲铲掉
柏油	柑橘基清洁剂或矿质油漆溶剂
鞋油	柑橘基清洁剂或矿质油漆溶剂
蜡笔	矿质油漆溶剂或商用清洁剂
葡萄汁	全效漂白剂
钢笔水	柑橘基清洁剂、矿质油漆溶剂或外用酒精
铁锈	草酸和水，按照1∶10的比例（按照制造商的使用说明）

在使用上述任何一种方法之后，还要用湿海绵将污渍部位擦拭干净，并擦掉所有残留物。

9. 普通乙烯地板的修补

聚乙烯地板常见的损坏包括家具或设备的腿戳的小洞、设备的压痕、人流量密集造成的过度磨损。日常使用中也可能发生聚乙烯地板卷缩或被划破的现象。

聚乙烯地板上的小洞或压痕可以简便地修补好。慢慢地把地板揭起来，在小洞或者压痕下面垫上干净的硅底衬。这样修补，丝毫不露痕迹。

若聚乙烯地板的接缝发生松动，要用从地板供应商那里买到的接缝修补工具。把接缝处地板都揭起来，下面都彻底打扫干净，根据制造商的使用说明把两部分密封剂混合起来。然后将混合物沿着接缝涂抹好。用重物，例如电话薄压在接缝上，让聚乙烯地板接缝处粘牢，直至密封剂干透，通常要花24h。

若整块聚乙烯地板损坏了，可以用一块新的来代替旧的，并根据旧的尺寸和图案裁剪大小。若地板已铺了有一段时间，在市场上找寻与它一样的地板比较困难，也有一个好主意，即当地板铺设结束后，在家里预留几块地板料头以备替换。

拿一块新地板，把它放到损坏部位上。从新地板上剪下来一片，这片地板比损坏部分要大。用胶带把新剪下来的地板粘在损坏部位上，一定要使图案一致，然后用一把快刀同时切割新旧两块地板。把新剪下的地板拿下来，然后再把损坏部分的旧地板替换掉。可以先用吹风机把损坏部位吹热，或者仔细地用薄刮板把损坏部分撬起来。

注意不要损坏周围的聚乙烯地板。等旧地板撬起来之后，把胶粘剂涂在地面上，再仔细把新地板放进去。用重物压在上面，直到粘牢，彻底干透，至少保持 24h，才能重新踩踏地板。

聚乙烯地板的卷缩可能发生在较潮湿的区域，例如，经常在浴盆周围发生卷缩现象。对于卷缩地板的补救，一般使用吹风机把卷缩部位吹热，直到地板变软，然后再把地板弄平。涂抹一窄条地板胶粘剂，然后再把聚乙烯地板压实到原位置上，压上重物直到完全干透。

若正常保养，聚乙烯地板能使用很长时间。但是偶尔也需要额外的维护，以防止地板提早损坏。按照上述简单的维护计划，你的聚乙烯地板就会使用许多年。

10. 复合地板的维护

实木复合地板非常耐用，耐磨性能也很好，但为了使它保持最佳状态，必须正确地进行维护。首先介绍一些日常保养的基本步骤，然后列表说明清除污渍的实用方法。

实木复合地板的日常清洁主要包括吸尘，用抹布除尘，偶尔用潮湿拖把擦拭。现在市场上有一些很好用的潮湿拖把，可以又快又简便地清洁实木复合地板。不要把地板弄得太湿，因为多余的水分会沿着地板边缘或地板企口渗透到下面，最后势必引起本可避免的问题。

不要用含肥皂基的去污剂来清洁实木复合地板，或者那种“拖洗并擦亮”之类的产品。这些产品只会把地板表面磨花，而且很难恢复到原来光泽度很好的状态。也不需要在实木复合地板上打蜡或液体油，因为这样会使地板容易打滑，走在上面很危险。

不要采用带有摩擦性能的清洁剂或工具来清洁实木复合地板，诸如钢丝绒或擦亮粉之类的清洁工具或产品都会把地板表面划伤。

若潮湿拖把也不能把地板擦拭干净，就使用1杯醋兑1加仑温水的溶液擦拭地板。还有一种清洁溶液，即1/2杯家用氨水兑1加仑温水。

11. 预防性维护

做一些简单的事可以避免对实木复合地板的损坏，而且也省去了额外的清洁。在人流密集区域放置不褪色的小地毯，以保护地板免受诸如沥青或者砂子等摩擦颗粒的破坏。

在家具腿底部使用毡质地板保护套，以防止对地板的划伤。任何带金属脚轮的家具，都要考虑把金属脚轮换成橡胶轮子。同时，避免在地板上拖拉任何家具，一般要把家具抬起来或者放在小地毯或油毛毡衬垫上再移动。

宠物也会对实木复合地板造成损坏。定期给宠物剪趾甲，以减少抓挠破坏。还有，若宠物不小心在地板上方便了，要立刻打扫干净。

有一个好习惯，即当踏上实木复合地板之前脱掉鞋，以免鞋对地板产生磨损和踩出印来。鞋底带有许多灰尘和摩擦颗粒，这些东西都会遗留在地板上。

高跟鞋对实木复合地板的破坏尤其大。只要地板上洒了液体，一定要尽快打扫干净。这些泼洒物在地板上停留的时间越长，就越有可能把地板污染了。

12. 复合地板污渍的清除

下面列举一些实木复合地板常见的污渍和清除方法。去除任何污渍之后，都要漂洗污渍区以清除所有的残留物。

污渍	清除方法
口香糖	让胶硬化，然后用钝的塑料刮板刮掉
蜡迹	用塑料刮铲仔细地刮掉
口红印	油漆稀释剂或丙酮
指甲油	丙酮基洗甲水
柏油	丙酮或变性酒精
葡萄汁/酒	温水和氨水
油漆或清漆	湿的时候，用矿质油漆溶剂擦拭；若已干，用薄塑料刮铲刮掉
钢笔水	丙酮或油漆稀释剂
蜡笔	用干布擦拭，必要时用丙酮
巧克力	温水和不带摩擦性能的清洁剂
香烟烧痕	丙酮、洗甲水或改性酒精
橡胶鞋印	用干布擦拭，必要时用丙酮

13. 普通复合地板的修补

修补实木复合地板上的划痕，涂上专用地板蜡即可。这种地板蜡有很多种颜色，地板颜色要与地板蜡的颜色一样。若划痕太深，地板蜡掩盖不了，就可用地板腻子。和地板蜡一样，地板腻子的颜色也非常丰富。只要简单地把划痕清洁一下，然后把足量的地板腻子抹到划痕里即可。大多数地板商都出售与其地板相配的地板蜡和地板腻子。

若划痕超过1/2in，建议更换整个地板条。由于实木复合地板不会褪色，新地板条与原有地板的颜色匹配不成问题。

14. 瓷砖的维护

最方便保养的地板或许就是瓷砖了。与瓷砖保养密切相关的还有砖缝的清洁和维护。瓷砖的抗污性能较强，但是砖缝会吸收和积淀污渍和霉菌。

对瓷砖的日保养或周保养的内容包括清扫、吸尘或使用非油性的除尘拖把。潮湿拖把也是必备的，使用 pH 值为中性的瓷砖清洁剂。不要用摩擦型的清洁剂或工具来清洁瓷砖，诸如钢丝绒或金属工具等。较适合清洁瓷砖的溶液是 1 加仑温水加入 1 大汤匙硼砂和 2 大汤匙氨水混合而成的溶液。

瓷砖供货商会针对不同的瓷砖推荐不同的清洁剂和刷子。使用任何清洁剂之前都要看制造商的使用说明。瓷砖清洗后，应等干燥后再在上面行走或工作。若瓷砖经过正确的密封处理，上面提到的步骤都是必要的。

若需重新密封瓷砖，记住一定要在使用密封剂之前把瓷砖清理干净。可以选用密封剂厂商推荐的脱膜器，而且要仔细按照使用说明操作。

15. 预防性维护

一定要使用合适的清洁产品，这些产品既能起到清洁瓷砖的作用，又不会把瓷砖污染。向瓷砖商打听哪种清洁产品最适合已铺瓷砖。平时只要瓷砖上有泼洒的液体，一定要立即打扫干净，这样就不会渗透进去或者使勾缝剂或瓷砖染色。

瓷砖清洁并漂洗后，保证不让多余的水分渗透到勾缝剂或瓷砖里面，否则时间长了，多余的水分会使瓷砖松动。

16. 砖缝的清洁维护

保养砖缝的方法与保养瓷砖的方法相同。砖缝一般经过密封，因此能抵抗绝大多数的污渍侵蚀，但是也需要定期进行深层清洁。若勾缝剂暴露在过于潮湿的环境中，潮湿会被勾缝剂吸收，而且很难排出。

应该选用非摩擦型的清洁工具，例如勾缝剂刷子或牙刷来清洁勾缝剂。每种勾缝剂都要有相适合的清洁剂。

无论哪种清洁剂，一定先在不引人注目的地方试用。某些瓷砖清洁剂可能对房屋里其他材质的表面起到副作用，例如对木材或金属表面。在使用任何清洁剂之前都要看一下使用说明。

17. 瓷砖污渍的清除

以下为常见的瓷砖污渍及其去除方法。

污渍	**去除方法**
锈迹	商用织物除锈剂，然后用家用清洁剂去除残留物
指甲油	洗甲水
口香糖	把冰块放在胶上面使其硬化，然后用薄塑料刮板去除
油脂	商用斑点清除剂
香烟烧痕	用钢丝绒轻轻擦拭，等烧痕清除后，往瓷砖上涂抹膏状蜡
油基产品	用柔性溶液，例如矿质油漆溶剂擦拭，然后涂抹家用清洁剂和泥敷剂
墨水、血渍、水果汁	浓度为 3% 的过氧化氢或者非漂白性的清洁剂
咖啡	非漂白性的清洁剂

泥敷剂，一种由熟石膏和过氧化氢组成的混合物，清除渗透性石砖上污渍的效果很好。

从勾缝剂表面清除顽固性污渍的另外一种方法，是用砂纸打磨。把一片砂纸折叠起来，轻轻地沿着砖缝来回摩擦。如果这种方法仍不奏效，就换用铅笔擦试试。

18. 砂浆的修补

有时候，对勾缝剂的简单清洁并不能把顽固性污渍清除掉。在极端的情况下，勾缝剂都被清除掉了。有一种特制的工具，即勾缝剂锯，用来把旧的被破坏的勾缝剂挖出来，挖完后，用勾缝剂抹子重新勾上相应颜色的新勾缝剂。用湿海绵擦去多余的勾缝剂，并晾干。

勾缝剂完全干透之后，再抹上能抵抗污渍的勾缝剂密封剂，这样清洁起来也更简便。

19. 瓷砖的修补

把整块瓷砖换掉并不多见，但若必须换，施工也不复杂。瓷砖有缺口或已经开裂，把整块砖换掉要比填补或覆盖的效果好。若彻底开裂，先在瓷砖上划线，然后用锤子把它敲碎。要非常小心周围的瓷砖，以免受影响被损坏。仔细把碎瓷片取出来，然后把下面的胶粘剂清除干净。

在地面和瓷砖上重新涂抹胶粘剂，把新瓷砖轻敲嵌入原位上，让它干燥。等胶粘剂干燥至少 24h，用勾缝剂把干净的接缝勾满。注意瓷砖和勾缝剂上面都要经过密封剂处理，这样对瓷砖的修补才算完工。

注意这种修补方法的问题在于，除非有上次铺砖时保留下来的瓷砖，否则瓷砖和新勾缝剂的颜色与原来的颜色都不一样。有一个比较好的方法，即由于这个特殊原因，铺设任何瓷砖时都要保留几块瓷砖，以备不时之需。

20. 硬木地板的维护

如果维护得当，硬木地板可以使用到 50 年。有许多方法可以阻止硬木地板的磨损和老化，以使其获得更长的使用时间。

本部分将列举一些适用于硬木地板的常用维护方法和简单技巧。

21. 预防性维护

如何清洁硬木地板由其表面是漆封还是打蜡来决定，表面类型可以通过一个简单的测试来判断：在不显眼的区域地板表面滴一小滴水，如果 10min 后呈现白斑点，则地板是打蜡的。用精细级的钢丝绒和少量蜡来清洁白斑点。漆封面地板基本的维护如下：

- 日常除尘或吸尘。
- 尽快清理任何的溢洒物。
- 一年只允许用拖把拖地板一次或两次，牢记：水与木材不相容。
- 使用地板制造商推荐的清洁产品。
- 不要给地板打蜡。蜡给地面一种阴暗的表面并使其更光滑。
- 用滑轮椅或在椅子腿下设垫块。

打蜡面地板基本的维护如下：

- 日常除尘或吸尘。
- 尽快清理任何的溢洒物。
- 每年用溶剂型清洁剂清洁地板一次或两次，然后给地板打蜡、磨光，以便在下一年保护地板。

22. 硬木地板污渍的清理

硬木地板上可能出现各种污渍。下面列出了一些硬木地板的污渍及其治理的方法：

污渍	治理的方法
染色	用一份氯漂白剂混合两份水
墨水迹	温水和柔和的清洁剂
铁锈	商用锈蚀清除器
尿	蘸有柔和擦洗粉的热湿布，用 10:1 冲淡的水溶液
血	用蘸清洁冷水的海绵擦拭，对更多的污渍用氨水溶液
油脂/油	用纸巾或报纸擦去尽可能多的油脂，然后将一块浸有干洗液的布在其上放 5min，将该区域擦干并用清洁剂清洗

当第一次使用这些补救的方法时，在不显眼的区域先进行尝试，以确保其不会对地板的漆面造成伤害。阅读清洁剂和溶剂的说明并遵循其介绍的方法，在使用任何混合型清洁剂时确保房间通风良好。

去污粉可以帮助清除污渍，但也可能造成擦痕。如果确定要使用这些去污粉，就选用可得到的最柔和的产品。用商业性的浓缩型家用液体清洁剂擦拭污渍对地板没有伤害，但也可以同使用去污粉一样有效。漂洗干净处理的区域，重新打蜡并磨光。

23. 硬木地板表面的修补

硬木地板可能出现面层损坏的问题。下面列出一些问题及其治理的方法：

问题	处理方案
季节性开裂	在干季增大湿度；安装加湿器
凹痕	覆盖上湿布并用电熨斗按压
划痕	在该区域打蜡或在划痕内喷洒入薄面层
起泡	使用两种类型的油漆可导致装饰面起泡，对于轻微起泡，应轻微磨砂并重新罩面。如果起泡严重，应磨砂、上色并重新罩面
烟烧伤	用细钢丝绒磨光或擦掉烧伤的区域，打蜡或磨砂、上色并重新罩面
水斑点	用细钢丝绒轻轻地磨光，然后磨沙。如果斑点没有消失，用细砂纸打磨、上色、重新罩面
脚磨痕	木清洁剂或打蜡
宠物污渍	木清洁剂并采用柔和漂白剂或家用食醋
墨水迹	木清洁剂并采用柔和漂白剂或家用食醋
霉变	地板清洁剂，如果地板纤维变色，清除并重新装饰

24. 硬木地板的修补

如果硬木地板被水淹没，需要迅速做一些事来阻止或放缓水的作用，避免出现更大的问题。立即从地板上清除过多的水，风扇和减湿器可以帮助加快进程。如果地板位于强制热风取暖的房间，关掉所有的加湿功能并加热到 76～80℉。保持热风一直吹到地板完全干燥为止。如果没有永久的污渍留下，只需要用聚氨酯重新罩面就行了；如果水已留下污斑，在给地板聚氨酯重新罩面前应重新装饰；如果水清除完后地板的翘曲依然可见，直接在突出部位轻微磨砂，确保不要一直打磨到地板。

钉牢所有松动的区域并填充裂缝，依照制造商的说明罩一层颜色并使其干燥，当颜色干燥后，施加一层聚氨酯重新罩面，以保护其免受家具的损坏。

如果这些方法没有起作用，说明地板可能受到水的损伤太严重，需要全部更换。如果试图用钉子钉住并打磨严重损坏的区域，这些问题将来还会出现，并未完全消除。

在决定哪种方法正确之前，将地板放置最少两周，观察实际出现什么样的损坏，要确保尽快清理干净所有的水，并使地板完全干燥。

由于房间内湿度和潮气的影响，木地板的翘曲和隆起是自然现象（图 9.2）。烘干的木板只有一面受到潮气的影响，也只有那一面可能膨胀，翘曲和弯曲就出现于潮湿的一面。而翘曲仅仅由于一种原因出现：板的一面水分丧失比另一面更快；如果板干燥很快，还有可能达到正常的平整状态。但如果它们已翘曲很长一段时间，板就只能保持那样。翘曲对宽板来说是更为普通的问题。

图 9.2　木地板的翘曲

开裂可能是木地板最普通的问题，对于2½in宽的地板条来讲，毛细裂缝如果在未供热月份闭合，其深度不超过一角硬币的宽度的话，就被认为是正常的。木地板块有三种基本的开裂原因：

- 基层处理：当外墙或中间支点位于房间的梁下，该区域的地板实际受到伸展作用，这导致复合木垫层接头开裂。
- 热力管上过于干燥：如果裂缝局限于走廊或其他加热设备上的区域，应检查隔热效果。
- 不合理的垫层材料：地板安装需要固定钉子的性能。如果地板垫层无法吃住钉子，就可能由于吸收潮气或交通量大导致出现裂缝。

如果地板有表面漆封，修补小裂缝需要选用匹配的木腻子，待腻子干燥后在该区域封一层聚氨酯；如果地板是打蜡表面，使用精细的钢丝绒对填充的区域进行清理、打蜡；如果地板已翘曲或隆起，这些方法将不起作用。

整体开裂是木地板条可能出现的另一个问题，由于受潮不均，固定不牢的地板可能收缩，但还紧紧地连接在一起。这种现象十分引人注目，需要十分有经验的修理人员来处理。

整体开裂不是制造商或者地板是否烘干造成的，它可能是由许多外力如拖拉、推挤和条块互锁等综合因素引起的。下面是引起整体开裂的一些原因：

(1) 基层处理

四周基础处理可能导致地板结构接头在房屋中间大梁位置出现伸展，导致地板表面开裂。开裂或整体开裂通常出现在中间大梁处，且仅限于一或两条主要裂缝。

(2) 地板边缘粘合

一些类型的聚氨酯地板漆渗入地板块之间并逐排将地板块粘合在一起，当地板水分逐渐散失时，地板块收缩，并在最薄弱的接头处开裂。

(3) 垫层的位移

垫层材料在铺装前可能暴露于自然环境下，并且吸收潮气，铺装后出现收缩，导致钉子松动和地板位移，出现裂缝。垫层的位移可能是最普通的整体开裂原因。

（4）整体开裂的修补

简单拆除并更换整体开裂的地板是错误的，问题不在于地板，而在于垫层。

对治理整体开裂的地板，有许多方法可以选择。一个就是拆除并替换出现整体开裂区域的地板。如果可能，替换地板的顺序应与拆除的顺序相同，这将简化漆面的修补。

另一个选择是采用同一或另一地板的打磨粉末填充出现的裂缝，将其同地板最初颜色的颜料混合成糊状，确保在填料使用后重新封装地板，如果需要的话，还要打蜡。

如果裂缝有1/8in或更宽，在湿季地板膨胀，填充料可能被挤出，此时，替换地板是最好的方法。

木地板的另一个问题是震颤磨痕，可能由重新装饰造成，它发生在使用砂纸机打磨表面漆面通过不平区域的时候。一系列圆形的痕迹出现在地板上且清除十分困难。这可以通过检查砂纸机如下可能出现的问题来避免：

- 检查轮的圆度、轴的磨损或缠入的颗粒
- 检查轮的承受粗糙的性能
- 检查尾足是否过高或过低
- 检查鼓的状况
- 检查鼓、电动机和风扇轴的粗糙程度及其过大的间隙
- 检查滑轮是否对直；检查砂带是否有坚硬点或不平衡
- 检查轴或滑轮的磨损
- 确保砂纸不要上得太松或太紧，两者都会导致震颤磨痕

如果这些检查都不能解决震颤磨痕的出现，可能需要更换鼓。

25. 常见地板的修理

地板的修理一般比较简单，本部分将深入探讨一些最常见的

修理方法。无论是吱嘎作响的地板还是更换一两块地板条，它都将告诉你怎么做。

26. 吱嘎作响的地板

大多数住宅最终安装了地板并使地板随其一起动，这将导致钉或螺钉松动并产生吱吱声，这些吱吱声可能发生在走廊、卧室或楼梯，一般产生吱吱声的原因包括：

- 当走在其上时，弯曲的板子会晃动
- 廉价地板条的企口连接不合适
- 由于沉降，垫层在接头处分开
- 由于干裂、腐蚀或支撑缺陷导致接头削弱

为处理吱吱声，必须确定声音的确切位置。一旦确定，有一些简单的方法可以修理它。

在松动的垫层与龙骨之间设置垫片，将垫片轻轻地放在响声垫层位置上，确保其不会比其希望填充的间隙更小。待声音消除后，在垫片上涂上胶粘剂以帮助其固定位置。

在垫层上设置加固木条是解决吱吱声的另一种方法，在龙骨一侧设置加固木条支撑松动的木条（图 9.3）。在加固木条下设置一个 2×4 块，使其合适地贴在木龙骨和垫层上，用 8d 的钉子将加固木条钉在木龙骨上，一旦加固木条固定，便可以拆除 2×4 块。

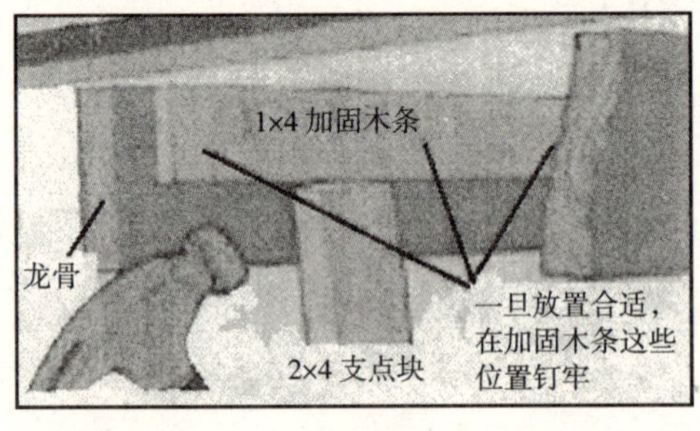

图 9.3　在龙骨一侧放置加固木条

给龙骨设置支撑可以消除大面积的吱吱声，地板下的龙骨可能会移位，从而不能较好地支撑地板。通过在龙骨之间设置钢支撑，进而稳定垫层（图9.4）。根据需要设置尽可能多的支撑来稳定地板，消除吱吱声。

图9.4 给龙骨设置支撑

在垫层下安装螺钉是解决吱吱声的十分快捷和方便的方法，钻一个螺钉钉身尺寸的引导孔，在螺钉上套一个垫片并拧入引导孔（图9.5），当螺钉转动时会将地板块拉下来、固定住。

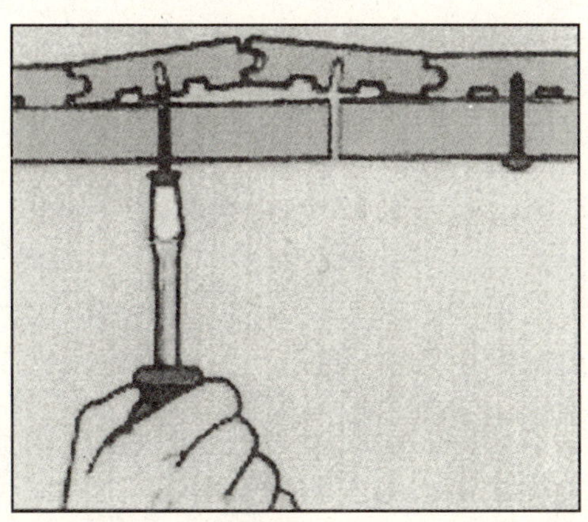

图9.5 从垫层下面安装螺钉

钉入地板的饰面层是使地板固定的另一种方法。如果无法到达垫层的下面，这是从上面通过地板进入垫层最好的方法（图9.6），当确信钉入的位置正确后，就可以尽可能长地直钉过地毯或硬木地板。

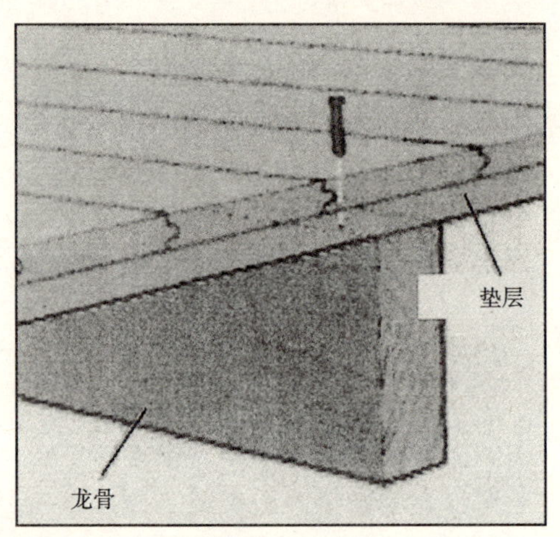

图 9.6 钉入地板的饰面层

釉面块也可以放在地板之间并一起磨光，如果润滑剂不起作用，可以使用石墨润滑釉面块，使用灰刀按照大约6in的间距将其塞入地板之间（图9.7）。

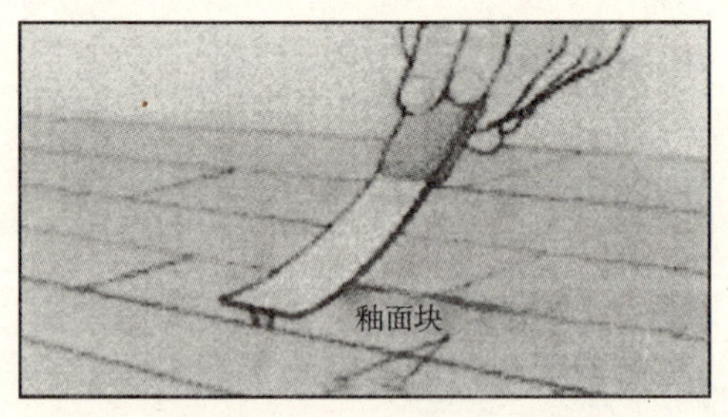

图 9.7 设置釉面块

如果发现任何位置有松动的地板块，无论是否吱吱响，都可以同样修理。有时为接近松动的地板需要向后拉或移动一些地板块，替换地板要像安装一样进行。

有时不可能快速地修理，必须要拆除整个地板和地面。有一个比较好的方法，即为了这个目的，从最初工作时，都要保留一些额外的材料。

地板块可以通过两种方法更换：或者更换掉所有损坏区域的地板块，或者只更换单块。

拆除一个矩形补丁是最快和最简单的方法，但也更显眼。当垫子或地毯有可能铺设在该区域时推荐使用这种方法。

我个人推荐使用更换单块的方法，这可将影响的区域限制在更换的地板块范围内。

开始修理时，使用凿子将斜面对着损坏的区域，用锤子敲击，在需要拆除地板的末端凿出通长的垂直标记。将凿子倾斜到30°角并剔凿地板，直到地板端部完全被剔出（图9.8）。没有拆除的地板边缘应给予修剪和清理。

图9.8 用木凿沿30°角将地板凿出

在残余板上水平向凿两下，将其分割成三份；这可将板劈开，使将撬杆放入地板下更容易（图9.9）。首先撬中间部分，并在中间部分完全剔出后，撬带有凹槽的部分，最后撬带有舌的部分。要确保清除或钉入所有被损坏地板遗留下的暴露的钉子。

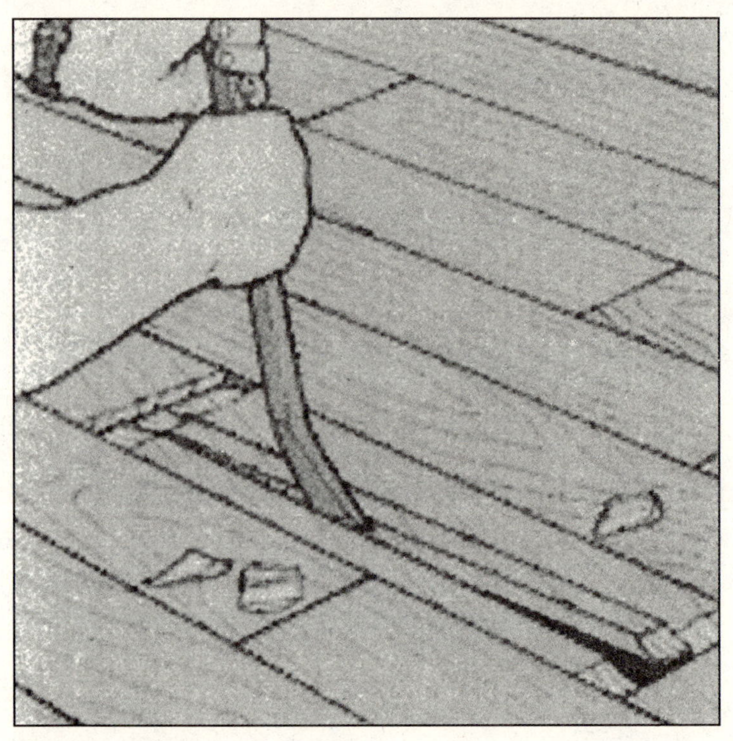

图9.9 将地板劈为三部分

用一地板片作为锤击枋，将适合尺寸的板敲入位，确保新地板块的凹槽卡在已有地板的舌上。

通过新地板的舌钻引导孔，要避免地板劈裂。用8d的装饰钉穿过引导孔将地板固定到位，最后位置的一块不会像第一块那样固定到位，你必须用凿子切割凹槽较低的边缘，然后从上面将地板敲入位（图9.10）。

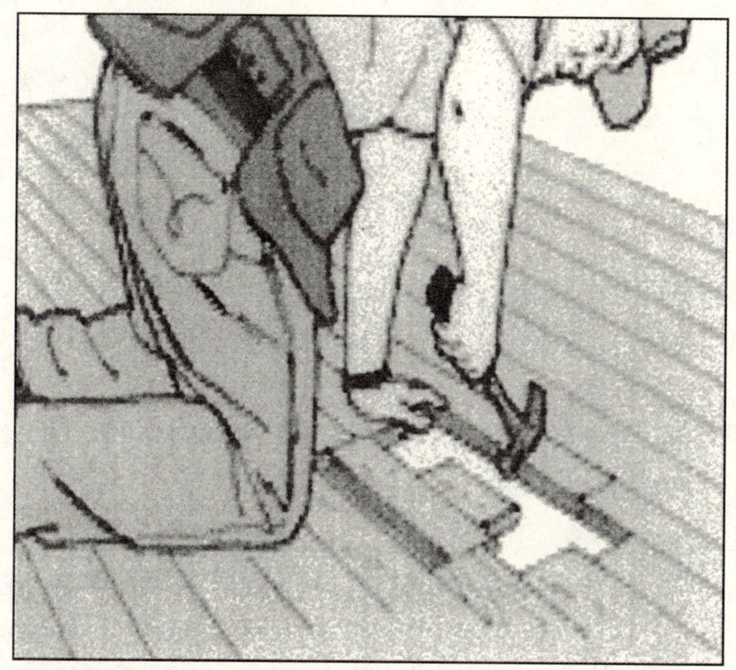

图 9.10　将最后一块板敲入位

通过 8d 装饰钉穿过引导孔将新地板固定到位，使钉子头没入地板并用木腻子填充。

地板修理是地板安装的一部分。如果希望安装，你就应该知道如何支撑、固定在一起和如何进行维护。本部分涉及的保养和维护的方法包括了这项工作的基本概念。另外还会有特殊和新的产品周期性出现，它们能使地板的安装和维护发生变革。

当你参加每一项工程并从中获得了更多经验的时候，你将会成为熟悉地板行业前进方向的一员。

第 10 章 硬木地板的翻新

无论是新房还是已有房屋，有硬木地板的地方就有翻新的机会。如果房屋是新结构，硬木地板在安装完成前必须抛光；如果是已有地板，多年后有可能出现磨损，需要翻新（图 10.1）。

1. 硬木地板翻新的准备

当讨论翻新时，我们主要指打磨和在硬木地板表面上一层保护涂层。在打磨和上漆之前，都要做一些简单但必要的准备工作。无论是新房还是已有房屋，都应该遵循所有这些步骤。

确保使用柔软的扫帚小心地打扫干净地板，以免划伤未保护的地板表面。对地板的缝隙也可以使用吸尘器，同样也可以仅使用柔软的毛刷。

在地板上走动并注意听有无吱吱声，确保对地板上漆和密封剂之前，把吱吱响的地方固定好。

用手仔细检查地板的平整度，如果在打磨地板前能够调整，就尽量调整；有时打磨过程能够使地板更平整，如果地板块之间的高差超过 1/32in，不要采用打磨的方法调整。

检查任何松动的板块或在地板面上晃动的钉子，使用长度 6～8d 的装饰钉替换或直接将已有的钉子钉入地板内。确保将所有钉子采用冲钉器打入埋头孔，并用木腻子填充平整（图 10.1 和图 10.2）。

检查地板上大的缺口或缝隙。由于潮湿和其他温度变化导致的地板块之间的缝隙在以后可能引起翘曲，因此不要试图将其填充。

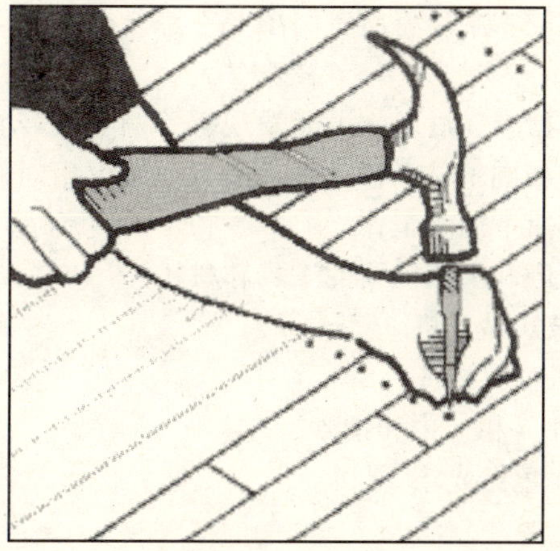

图 10.1　更换或重新敲入松动的钉子，将所有钉子采用冲钉器打入埋头孔

图 10.2　采用颜色匹配、无收缩的木腻子将洞填充

用无收缩的木腻子将所有洞填充并晾干，干了以后用细砂纸打磨平整。

所有项目检查完后，你可能发现有一两块板需要更换，将整块板拆掉并用相同木材的板替换，用与原始板相同的固定方法将新板钉牢，继续下面的工作。

下面是打磨和上漆需要的工具和材料：

- 地板鼓式砂光机
- 轧边机
- 砂纸片（粗、中和细砂）
- 白或褐色抛光垫
- 软扫帚
- 吸尘器
- 锤子
- 6~8d装饰钉
- 冲钉器
- 刮漆刀
- 油灰刀
- 无收缩木腻子
- 电振动磨砂机
- 多种碎布

2. 砂纸打磨新硬木地板

在打磨之前，将房间清理干净。如果是新建筑内的新地板，可能没有家具在房间内，更容易开展工作。下一步，将房间内墙体四周的踢脚板全部拆除；踢脚板可能被磨砂机损坏，更换踢脚板是耗时、花费大的工作；花费一定的时间将踢脚板拆除是有效的方法，并且如果认真拆，可能会保留已拆除的踢脚板并重新装上。

鼓式砂光机及配合使用的砂纸是地板能否平整的关键，如果砂光机使用不当，可能会给地板造成不可挽回的损坏。首先讨论如何合理地安装鼓式砂光机。

确保你所选择砂纸的颗粒粗细与涂装的硬木地板类型相匹配，在鼓式砂光机上装砂纸时要确保拔掉电源。拿一张砂纸，将其一端固定在装载槽内，将砂纸鼓转一圈，并将砂纸尾部固定在装载槽内。不要将砂纸或鼓张得太紧，以免在鼓上产生压力，在地板上留下细小的刮痕。最好避免出现刮痕，以免再回头修补，因为修补刮痕十分困难（图 10.3）。

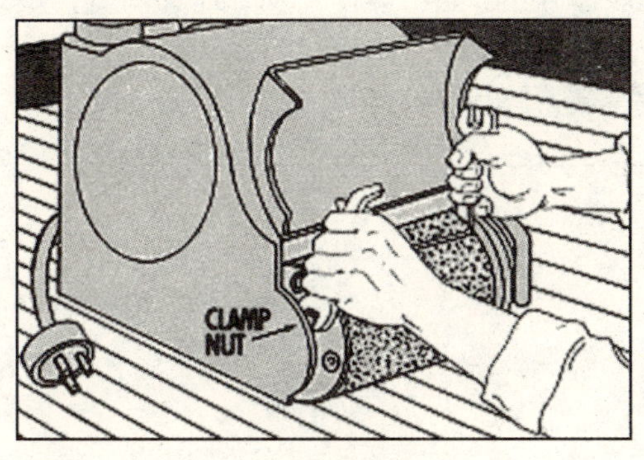

图 10.3　将砂纸固定在砂光机鼓辊上

依据地板条件不同，决定选用的砂纸。一般来讲，需要两种类型的砂纸：首先使用粗糙型、粗级砂纸除掉损伤部位，然后使用细砂纸打磨，使表面平滑。

> **小窍门**
>
> 推荐使用配有抬高和降低鼓高度分体式杠杆的鼓式砂光机，该杠杆提高了对机器的操控性，能避免许多特殊的问题，如打磨过程中细小的刮痕和不平整等。

由于本节探讨新地板，可以首先使用中等砂纸，然后使用细砂纸来打磨。新安装的地板不应当有损伤，而且还要为涂层做好准备。典型的砂纸等级如下：

- 粗纹　36 ~ 40 粒
- 中纹　50 ~ 60 粒

- 细纹 80~100 粒

一旦砂纸安装在砂光机上，调整到在地板上水平移动状态，就可以开始打磨工作了。

将砂光机沿右手墙体摆放并保持约 2/3 长度的墙体在其前面。开动机器前先试开一下，感受一下机器，以免冒险对地板造成伤害。

一旦砂光机到位，将鼓抬离地面，开动机器。沿房间长向打磨，从右手墙体开始。当沿墙体长度方向移动时，慢走并保持平稳步伐，在鼓接触地板之前调慢转速。当走到一条打磨带端部时，逐渐抬高鼓，使其在打磨带端部完全脱离地板（图 10.4）。

图 10.4 沿直线开动砂光机，并确保在结束打磨条带前逐步抬起打磨鼓

在相反方向重复同样的路线，倒着走，用前面同样的方法打磨，首先抬起鼓，然后慢慢放下，到达端部时再抬起。

当一条地板打磨条带结束，准备回到起点时，抬高4in移动机器。重复同样的过程，前进和后退，抬高和落低砂带砂光机，直到每一条带都完成。

完成2/3的房间后，将砂光机转向相反的方向，同样进行打磨。当打磨完成后，应在两道打磨连接处重叠2～3ft，比起生硬的开始和结束，这有助于将两块打磨区域混合得更自然（图10.5）。

图10.5　每次在打磨区域连接处重叠2～3ft

在首次打磨进程完全完成后，用手持式砂光机打磨砂带砂光机遗漏的区域，沿踢脚板、角部和壁橱等区域应打磨，直到适合涂装为止（图10.6）。

小窍门

不让砂鼓接触地板，除非机器在前进或后退。如果必须要停，逐步抬高砂鼓并停下机器。如果机器运转停止在与地板的接触中，会在地板上产生一个以后不可能除去的斜面。

对新地板的打磨，下一步采用细砂纸打磨平滑，为硬木地板上漆做准备。粗打磨后的任何打磨也可以消除由砂光机造成的细小刮痕。

打磨拼花地板、块地板或镶嵌木地板时，打磨路线的方向需要调整。首先采用中粒砂纸沿地板对角线打磨，然后使用细砂纸沿另一条对角线打磨。使用磨光机仔细检查整个地板，从房间最长尺寸的方向直线开始。

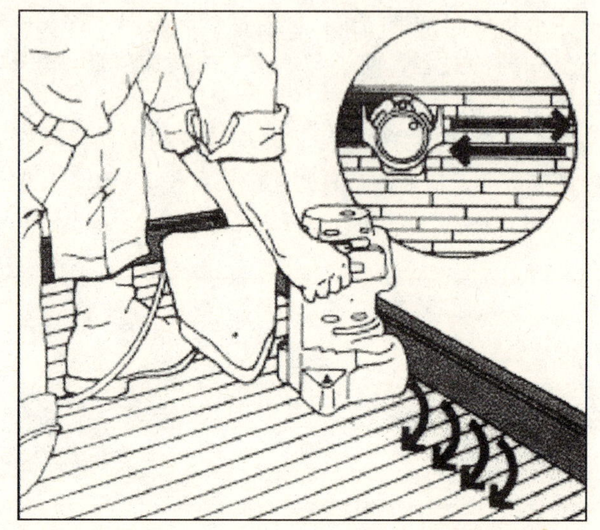

图 10.6 在砂带砂光机无法达到的区域使用手持式砂光机打磨

3. 砂纸打磨已有地板

已有硬木地板的打磨在方向或打磨数量上需要增加，不像新地板，已有地板表面有若干层涂层和聚氨酯，需要用更加粗的砂纸和砂光机在多个方向上打磨。

对已有地板打磨的准备与新地板相同，确保地板干净、光滑和齐平。鼓式砂光机安装粗粒或中粒砂纸的方法相同，砂纸的类型依据已有地板的损伤情况及需要清除的涂层数量。

使用不同种类的砂纸时，不要超过一个粒径等级，也就是说，不要从粗粒直接到细粒砂纸，而是从粗粒到中粒，从中粒再到细粒。如果地板出现起鼓或翘曲，需要首先沿 45°角打磨，而不是沿最长边，其后的打磨方向应沿地板方向；两次打磨均应采用相同等级的砂纸。

如果需要，起磨平作用也可以使用更粗等级的砂纸。不像新地板，老硬木地板如橡木地板较厚，在不打磨太深的情况下可以翻新若干次；如果薄橡木地板打磨太多，可能磨损到企口埋头钉，或者甚至导致破坏。

对更持久稳固的刮痕或损伤，在受影响区域沿多个方向前进和后退打磨，从 30°角开始打磨刮痕或损伤。在损伤区域的前后开始打磨，避免使其看起来面积很大。在损伤区域采用鼓式砂光机打磨平整后，使用细砂纸除掉该区域较重的打磨痕迹。

如果使用轧边机打磨坚硬的区域，不要将其压得深入涂层或刮痕，这将使稳定连接的榫舌企口出现移动。对轧边机要一直采用细砂纸。轧边机比鼓式砂光机打磨深度浅，但更灵活，方向更容易操控。

对十分难处理的区域，需要使用手工打磨。一旦涂层刷上后，任何由鼓式砂光机或手工打磨造成的痕迹将很明显。在痕迹出现后最好采用细砂纸手工打磨。

有时，尤其是一些普通的中级地板表面有许多的裂缝和开裂，需要腻平整个表面。在最后两道打磨进行前让填充剂干燥，填充剂一般经过一夜会干透。

在涂刷涂层前，推荐打磨三道，然后用圆盘打磨，能混合所有的打磨痕迹（图 10.7）。如果采用两道打磨，装饰面将出现粗糙的外观。

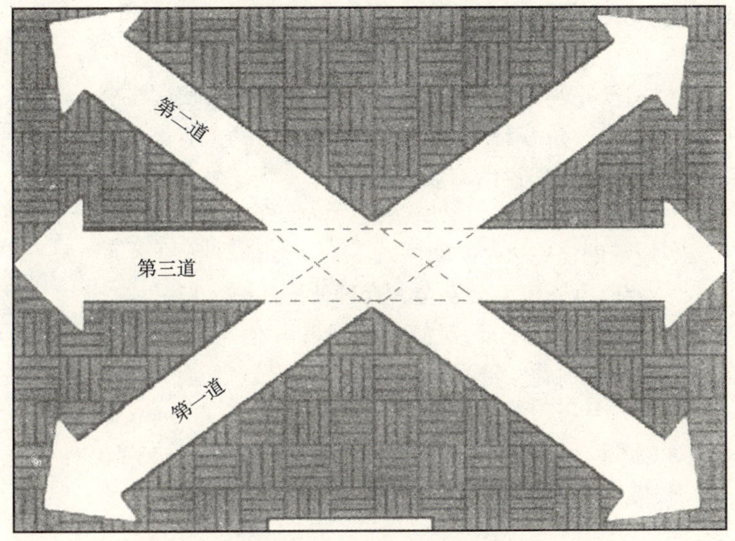

图 10.7　三种路径分三道打磨地板

4. 硬木地板上漆

讨论完新地板和已有地板的打磨，开始给地板刷漆。不管是新还是旧，木地板的处理和刷油漆都相同。这时，地板已打磨完并处理平滑，且基本是相同的表面。

一旦地板打磨完成，应尽快上漆以进行保护，避免被人流或污物影响，如不处理会造成永久的污染。应确保打磨好的地板有充足的时间对粗糙面进行处理，跳过这一步将使表面粗糙，造成在上漆过程中额外的工作。如果出现粗糙表面，可以使用细钢丝绒打磨，直到粗糙消失。

5. 涂层材料

无论地板是上色并用聚氨酯封闭，还是仅用涂层涂刷，都有多种产品可以选择。需要记住，最重要的因素是这些油漆大部分都有毒，必须采取一些防范措施。

- 保持使用该产品的房间通风
- 阅读并遵循列在产品标签上的制造商的使用说明
- 有些产品需要操作人员戴面具和手套，如果使用说明要求这样做，就不要拿自己的健康冒险
- 使用完产品后，保留一些为将来修补用，或保留产品的颜色及制造商的名称
- 处理掉任何不会安全、合理使用的剩余产品
- 大部分市政当局对倾倒油漆和其他有毒物质有严格的限制，在倾倒任何化学产品之前应确信自己理解这些限制

涂层产品可以分为三种类型：

- 密封剂
- 着色和密封组合剂
- 快干着色剂和密封剂

渗透密封剂正如名字所示：渗入木地板内并硬化成为密封

层，这种涂层容易涂刷和维护。这种密封剂随着木材的磨损也会磨损，但不会碎裂或出现刮擦。长时间磨损后，使用渗透密封剂的地板能很容易地采用一薄层密封剂翻新。在翻新之前，只需要用薄薄的一层蜡维护木材即可。异常情况下，对磨损区域重新涂刷油漆，在磨损区域涂刷后也不会显出重叠的痕迹。有些渗透密封剂带颜色，颜色和密封剂可以同时施加在地板上。

如果你希望染色和密封地板同时进行，着色密封组合剂是个很不错的选择。比起先涂刷染色剂，干燥以后再施加密封剂来，着色密封组合剂要花费更多的时间来干燥。组合密封剂需要 48h 或更多干燥时间，但只需要一道工序。

如果希望工程进展相对较快，染色剂效果较好。大部分染色剂可以在 8h 内干燥，然后可以施加密封剂，再需要 8h 即可干燥。染色剂可能会覆盖和造成不均匀的颜色。

快干着色剂和密封剂针对经验丰富的人员，这些产品几乎是即刷即干，没有足够的时间来修正失误，如果出现产品涂刷不当，只能覆盖。

6. 上漆用具

渗透染色密封剂可以用抹布涂刷，只要尽可能均匀地刷在地板上即可。从角部开始，逐步向外，沿着地板的方向。在地板边缘使用涂料刷，避免将密封剂粘在踢脚板上。

小窍门

小心，当赤手或身体的其他部位碰到涂刷或未涂刷涂层的地板时，该区域的颜色可能发生改变，皮肤上含的各种油会转移到地板上并被地板吸收。在涂刷染色密封剂之前、过程中、之后，在地板上活动时要戴手套、穿鞋子。

染色密封剂留置的时间越长，颜色就会变得越深。如果立即擦掉，也会留下足够的产品，使其有明显的差异。在染色密封剂干之前将其擦去，这可能导致颜色不均匀。

一旦染色密封剂干燥，用细钢丝绒盘或褐色纤维擦光器在地板上擦磨光剂。用吸尘器或扫帚打扫干净所有灰尘，然后用地板擦光器在地板上打蜡，胡桃体积大小的蜡足够给中等大小的房间打蜡并起到保护作用。

7. 表面漆装

聚氨酯、水基和硫化聚氨酯都是耐久、防水的涂层，这些涂层在地板的表面保护地板免受污染和磨损，它们可分为高光、半光、缎纹和消光。

油改性聚氨酯是最普通的涂层材料，容易涂刷，随着时间延长能产生比初始产品更深的光泽。

水基涂层清晰、耐久、不变黄，属非易燃品，同油改性产品相比，同样容易施工和维护，但涂刷无味，且更快捷。

如果这些产品在密封剂或染色剂后涂刷，在涂刷前应确保地板完全干燥。坚持遵循用钢丝绒或纤维布磨光地板，然后用吸尘器吸残留物的步骤。油改性聚氨酯毒性大，应特别注意。关掉房间内所有的明火包括标灯。

小窍门

如果用水基聚氨酯涂刷地板，不要使用钢丝绒磨光地板的方法，钢丝绒纤维同水接触后产生腐蚀，将使涂层变色。要采用纤维布磨光的方法。

在倒入桶或盘子里后，可以使用软刷子涂刷这种产品。沿地板铺设的方向涂刷并在干燥之前重复涂刷需要的区域。不要使某个区域太饱和，否则可能在表面出现气泡。在地板上走动之前让涂层干燥一晚，用吸尘器或软扫帚打扫干净所有灰尘。如果需要特别的耐久和保护的话，可以涂刷第二或第三层，在每次涂层之前确保用细钢丝绒磨光。

涂刷水基聚氨酯与油改性聚氨酯稍有不同，水基聚氨酯直接沿开始的墙体倾倒在地板上，从离踢脚板 4 ~5in 远的地方开始拖曳出小而薄的痕迹，然后用涂抹器将聚氨酯涂刷在地板上，用完聚氨酯后，采用同样的方法倒出更多在地板上并涂刷。确保所有的门窗打开通风，以加快干燥的时间。第二层通常与第一层在同一天涂刷。确保在两层之间用纤维布磨光。

小窍门

通过一项测试可以发现旧地板拥有什么类型的表面。这项测试的具体做法是：取一个尖锐的物体，在地板上某处不显眼的地方划一道小小的痕迹。如果地板涂层剥落，可能要采用渗透密封法；如果涂层没有剥落，就要采用表面漆装法。这项测试可帮助判断在翻新地板时采用何种类型产品更为适合。

避免给已打过蜡的硬木地板打蜡，只有在地板被打磨或涂层磨损的情况下才给地板打蜡。

硬木地板是能够使用的寿命最长的地板，如果维护得当，可以一直不用翻新。如果需要翻新，遵循这些原则可以使工作简单、容易。

第 11 章 工地安全

工地安全并没有引起人们应有的注意，每年都有太多的人在工作时受伤，其中大部分都是有可能避免的，但实际上还是发生了，为什么？人们急于求成，因此抄近道、图省事，这些在地板铺设承包商和单个工人身上都会发生，安装工人为能提前回商铺，常常提前 15min 完成一天的工作（图 11.1）。

根据现场经验，大部分事故是由于疏忽而发生的。安装工人图省事，结果以受伤告终。如果能够普及一点儿常识，多有一点儿安全意识，事故完全可以避免。有的时候你没有第二次机会了，而且你影响的也许不是自己的生活。所以，让我们看看一些合理的安全步骤，你可以在自己的日常活动中实施这些步骤。

工作安全习惯

1. 穿戴安全装备；
2. 在特殊位置遵守所有的安全规则；
3. 在特定位置意识到任何潜在的危险；
4. 保持工具工作状态良好。

图 11.1 一般的工作安全习惯

1. 非常危险

地板的铺设可能是危险的职业，所用工具是潜在的“杀手”，工作的需要使人注意力不集中，可能导致严重的伤害甚至死亡。

地板铺设的危险性并不是阻止你从事该职业的原因，驾驶可能十分危险，但几乎没有人能够在一年之内不踏上汽车。

恐惧通常是无知的结果，当你具备了相当的知识和技能，恐惧就开始消退；当你熟练掌握后，就已忘记了恐惧。学会不带恐惧的情绪去工作是明智的，但工作时一定要重视。在恐惧和重视之间区别巨大。

必须重视工作的位置。

许多年轻的安装工人开始时很大胆，他们认为在阳台上猛跑或跳下一整段楼梯没有什么，随着他们事业上的进步，他们通常听到或看到了现场的事故，有人被电锯严重割伤，有人从高空坠落，粗心的安装人员走入淹没的地下室被浸泡的设备电击。可能与工作有关的伤害列表会很长。

每年数百万人在工作事故中受伤，其中大部分没有严格遵守安全规程，当然，他们中有人是不可避免事故的牺牲者，但大部分是被他们自己以这种或其他方式伤害的，你不要做统计数字中的一员（图11.2）。

安全着装习惯

1. 不要穿容易着火的服装；
2. 不要穿宽松的衣服，宽大的袖子、领带或首饰（手镯、项链）可能被工具挂住或在其他方面影响工作；当使用电气设备工作时，这项尤其重要；
3. 戴手套以拿热或冷的管子和设备；
4. 穿结实或耐受力强的鞋子。工作时不要穿运动鞋，钉子容易穿过运动鞋造成严重的伤害（尤其是生锈的钉子）；
5. 系紧鞋带。松鞋带很容易导致跌倒，可能导致自己或他人受伤；
6. 在主要工地戴坚硬的帽子，以保护头部不受坠物伤害。

图11.2　安全着装习惯

作为一名安装工人，你会干一些危险的工作，你会钻孔、开磨砂机、切基础板或门框，还有许多有潜在危险的工作。如果运气好的话，老板会提供合格的工具和装备；如果有适合工作的工具，就有了一个安全的起点。

安全培训是另一个应该从老板那里寻求的因素，一些地板承包商没有告诉工人如何安全地开展工作，这对经验丰富的安全人员十分简单，他对工作了解透彻，但忘记告诉没有经验的人员潜在的危险。

例如，安装人员可能告诉你切割房间内的石砖，以便安装新地板，但从不考虑告诉你需要戴安全眼镜，他可能假定你知道石头被切割时可能飞溅到你脸上。但是，作为一个新手，你可能并不知道石头碰到凿子时的反应，飞溅的石屑可能对你的眼睛造成严重的伤害。

如上例所述，简单的工作也可能给职业带来灾难。在让你用电锯切门框时，你可能踮着脚尖，但你对可能导致飞溅的装饰钉屑给予了多大的注意力呢？使用电锯的危险是明显的，由锤子造成的手指粉碎性伤害就不这样明显，不过两种情况都会让你受伤停工。

安全是严肃的事，一些工作岗位对安全要求十分严格，但许多工作没有明文的安全规定。如果你从事商业工作，管理人员可能要求你遵守“职业安全健康行政部门（OSHA）”的规章，违反 OSHA 的规章将受到财政制裁。但如果你从事民居地板的铺设，你可能永远不会进入 OSHA 的规章所管辖的范围。

总而言之，你对自己的安全负责，你的老板和 OSHA 可以帮助你保持安全，但最后还是轮到你自己，你应知道做什么和怎么做，并且你不仅要对自己的行为负责，也要观察其他人的行为，你也可能被他人的粗心所伤害。现在你已了解基本的状况，下面开始工作安全的详细内容（图 11.3）。

磨工的安全操作

1. 在用打磨机之前认真阅读操作说明；
2. 不要穿宽松的衣服或戴首饰；
3. 戴安全眼镜或护目镜；
4. 操作机器时不要戴手套；
5. 使用完后尽快关掉机器。

图 11.3 磨工的安全操作

当进入详细的条文，你会发现本章中的建议被分为不同的种类，例如，在工具安全的章节，你将了解使用工具的工作安全问题；但当一个章节一个章节深入时，你会发现有一些重复的安全问题，例如一般安全中，你可以看到工作时不要佩戴首饰，这在工具安全章节也可以看到。这些重复意在重点指出一定的危险和步骤。下面我们从一般安全进入不同的章节。

2. 一般安全须知

一般安全包含许多领域，从你踏上公司的班车开始直到一天工作结束。大部分安全常识方面的建议包括了运用常识。好，现在就开始。

车辆

许多安装人员乘坐公司敞篷货车往返于工地之间，你可能花费很多时间装卸货车，当然，你也可能骑车上班或驾驶货车，所有这些区域均可能威胁你的安全。

如果你将驾驶货车，就要花费时间掌握如何操作，装载运送货车与家庭轿车的驾驶是不同的。记着要检查车辆的油液、轮胎、灯光和相关装置。许多地板安装公司的货车较老，看起来状态良好，没有检查车辆的装置可能导致不可预料的结果，也要记住系安全带——能挽救生命。

学徒工一般负责工地卸车，卸车过程中有许多受到伤害的机会，许多地板安装公司的货车使用顶架拖拉地板和梯子，如果你卸这些货物，确保它们不与低悬挂的电线接触；如果你卸重货物，不要使你的身体处于难受的位置，要学会抬重物的适当方法，不要不适当地抬起。如果天气潮湿，爬上货车时要注意安全，踏板缓冲变得光滑，跌落可能使你撞上物体或弄坏你的膝盖。

在装货物时，遵守与你在卸车时同样的安全注意事项，除此之外，要确保你装的货物装载平稳并绑扎好，要特别注意你装在货车栏杆边缘的货物，且要多次检查货车的车门。

在路上丢失货物不仅难堪，还有可能是致命的。我曾经在州际公路上看到硬木地板货物从自装卸货车后门坠落，后面的卡车刚好碾过；做助手时，我在一个繁忙的十字路口丢失了一件地毯；同年，当上斜坡开往主要公路时，我的货车门自动打开，工具散落了两个车道。这些事故无法避免发生，但你的工作是确保其尽量不发生。

3. 衣服

衣服是造成许多工伤的原因，有时是没穿工作服造成的事故，同时也有穿太多衣服导致的问题。一般来讲，不要穿宽松的衣服，衬衣下摆要塞起来，在操作一些类型的机器时，短袖衬衫比长袖衬衫更安全。

帽子可以帮助你免除一些细微的不方便，如被胶水粘住头发，坚硬的帽子可以为潜在的伤害事故如高空坠落的水泥砖提供保护，如果留了长发，就请盘起来放在帽子下面。

脚上穿好是从业的基本条件，一般坚硬的打猎鞋最好，厚鞋底可以为踩在钉子或其他尖锐的物体上提供保护，铁鞋尖的鞋子提供另外一种保护；如果去攀爬，应穿鞋底柔韧的鞋子。手套能保护你的手温暖和干净，也能带来严重的事故，谨慎小心地戴手套取决于你从事的工作。

4. 首饰

总体上，工地不应该佩戴首饰，戒指可能造成你手指的割伤，也可能造成机器切断手指。项链和手镯同样危险，甚至更危险。

5. 眼睛和耳朵的保护

眼睛和耳朵的保护通常会被忽略，一副便宜的安全眼镜就可以保护你不会在黑暗中度过余生。耳朵的保护是减轻巨大声音的影响，如电锯和电钻。现在你可能注意不到好处，但以后你会为自己的行为而高兴；如果你不希望丧失听力，在听到巨大噪声时请戴上耳塞或耳罩。

6. 护垫

膝盖护垫不仅能使安装人员更舒适，也能保护膝盖。大部分安装人员保持跪姿很长时间，应该戴上护垫以保证他们延续工作许多年。

太多的人认为不戴安全眼镜、耳朵保护等诸如此类的东西可以使人更坚强，其实不然，这能使人变哑，使人受到伤害，而不能使他们更坚强。如果能起作用，只能是使他们看起来更愚蠢或更缺乏经验。

不要坠入年轻安装人员的误区，不要让人们教唆你采用一些安全方面的坏做法，一些人嘲笑你，让他们去笑吧。当他们去商店购买助听器时，你仍然听力正常，我对此事是绝对认真的。对于安全没有胆小鬼，应自信地穿戴安全装备，不要听信喜欢开玩笑的人的谎话。

7. 工具安全

工具安全是地板安装中的大事，任何从事地板安装的人员都要同无数的工具一同工作，所有这些工具都有一定的危险性，其中的一些可能十分危险。本节将按照工作中使用的工具分类，没有工具的基本安全知识你无法开展工作，你知道的工具安全知识越多，就会越安全（图 11.4）。

最好的起点是阅读从工具制造商那里获得的所有资料，制造工具的人提供了很好的建议，阅读并严格按照制造商的建议去做。

使用工具安全工作的下一步是提问。如果你不理解如何操作工具，就让别人为你解释，不要依靠自己的经验，这样你付出的代价可能太高（图 11.5）。

手工工具的安全使用

1. 使用适合于该工作的工具；
2. 阅读随工具的所有说明，除非你彻底熟悉工具使用；
3. 使用后将所有工具擦拭干净；如果需要其他的擦拭，应定期进行；
4. 保持工具工作状态良好。凿子要保持锋利；蘑菇头切面保持光滑；锯条保持锋利；管钳应保持无碎屑，齿部干净等；
5. 不要在口袋里携带小工具，尤其是在梯子或脚手架上工作时。如果你坠落，工具可能会穿过你的身体造成严重伤害。

图 11.4 手工工具的安全使用

电动工具的安全使用

1. 使用三相插头的电动工具；
2. 阅读关于该工具的所有说明（除非你彻底熟悉工具使用）；
3. 保证所有电气设备合理接地；在许多情况下接地故障断路器（GFCI）是由 OSHA 规则要求的；
4. 使用大小合适的设备延长线（不合适的电线可能烧掉电机，对设备造成伤害和使情况更糟）；
5. 不要将设备延长线穿过水或任何可能被切断、损坏的区域或被机器碾过；
6. 将延长电线与设备连接，然后插入主电插座，不要进行相反操作；
7. 在干燥的地方卷起和存放设备延长线。

图 11.5 电动工具的安全使用

安全操作工具的常识是不能替代的，如果有一条绝缘层破了的电缆，你应该有足够的常识避免使用它。除了这些简单的规则外，你还应了解一些关于工具安全的有益知识。

有一些关于工具安全的基本原则，我们从最基本的开始，然后到特定的工具。下面是基本的常识：

- 使身体远离运动的部件
- 不要在光线暗的条件下工作
- 使用电动工具工作时注意潮湿的区域
- 如果使用工具推荐你穿特殊的衣服，一定要穿
- 工具要专具专用，不要用作他用
- 尽量了解你使用的工具
- 保持你使用的工具处于良好的工作状态

下面让我们详细了解你可能使用的工具，地板安装使用大量手工和电动的工具，也使用特殊的工具，让我们了解一下如何使用这些工具而不造成任何伤害。

（1）钻和钻头

并不是所有的钻都是小手枪式握把和人们所想到的手持式。一些工作需要用大的、电动直角钻，这些钻启动后动力强劲，碰到钉子或木节时可能造成伤害；可能伤及手指，打落牙齿，伤害头部及造成更多的伤害。对于电气工具，在使用钻前仔细检查电线，如果电线破损，就不要使用电钻。

确认你所要钻孔的是什么，如果你要钻孔的是新建结构，在钻孔之前比较容易看清楚。然而，对改造工作可能比较困难，很难看清楚要钻孔的是什么。如果你不幸运地钻中了火线，可能会被电击。

钻孔用的钻头是安全操作的一部分，如果钻头钝了，将其磨快，钝钻头比锋利的钻头更危险。当你使用标准钻头在薄木头比如胶合板上钻孔时应小心，一旦钻头穿透胶合板，钻头的牙会咬住并跳动，使你失去对钻的控制。如果你钻金属，小心热而尖锐的金属屑。

（2）电锯

安装人员不像木匠那样频繁使用电锯，但还要使用，安装人员使用的是最普通的电锯，用来锯短门框或整个门框。除了电锯，安装人员还使用圆盘锯和砍锯。所有这些锯都有潜在的危险。

往复锯相对安全，大部分的产品是绝缘的，如果锯断了，可

以避免带电电线的电击。锯片一般距使用者要有一定的安全距离，这样锯比较容易把持和控制。但是如果脆的锯片断了，有可能会对眼睛造成伤害。

水锯用来切水泥和石砖，用这些锯时对眼睛进行保护十分必要，飞溅的水泥和石砖屑会对眼睛造成不可挽回的伤害。使用这些锯进行十分复杂的切割，包括小块的砖，意味着手指十分接近旋转的锯片。要确保锯位于安全的位置，在脚的行走范围之外。在切割时应确保不被打断，小的干扰可能造成大的伤害。

安装人员经常使用圆盘锯，这些锯的锯片可能反弹使锯跳起来。砍锯一般用来切割硬木。保持身体远离切割位置并一直戴眼睛保护。

（3）砂纸打磨机

砂纸打磨机通常用来安装或整修硬木地板。在砂纸打磨机的鼓带上装砂纸要十分小心，如果砂纸安装不合适，可能飞出伤及操作人员或其他在房间的人员。很明显，操作砂纸打磨机时戴安全眼镜是明智的选择。

砂纸打磨机运转时会有大量灰尘和木屑飘散在空气中，因此操作时戴面罩也是好主意。只要想想经过多年，平均有多少灰尘和木屑被身体吸收。戴面罩能延长生命和工作的时间。

砂纸打磨机是大而难驾驭的设备，但又必须操控。在它开始工作之前，确保把所有的插座和电线都清理到打磨机的工作路线之外。同时确保地面不潮湿；由于水太多，即使接地的电气设备也能引起火灾或不工作。同时，确认磨砂部位没有明显的钉子或其他碎屑等，以免引起飞溅物。

（4）气动工具

一般在用射钉枪或带式钉枪安装地毯或硬木地板时，会用到气动工具，确保枪安装正确，以免钉飞出，除非你希望如此。

气动工具在释放时产生大量的动力，不要把电源接通，除非你马上要使用它。戴安全眼镜预防误发，包括可能向后开火将钉射入你的眼睛或身体其他部位。

将枪对准正在进行的工作，当枪已装入钉子并插上电源时不要将其对向工友，设想它是真枪会有什么结果。

(5) 火药动力工具

将物体固定在坚硬的表面如混凝土上，要使用火药动力工具。如果使用人员训练有素，这些工具不太危险。然而，训练有素、眼睛保护和耳朵保护都需要。误发和坚硬表面的碎裂是使用这些工具时最主要的问题。

(6) 螺丝刀和凿子

使用螺丝刀和凿子时，一般可能发生对眼睛的伤害和刺伤，如果工具使用正确，佩戴了安全眼镜，几乎不会发生事故。

对大部分手工工具避免伤害的关键是使用适合于工作的工具。如果你把扳手当锤子，把螺丝刀当凿子使用，你是自找麻烦。

当然，在地板业中还有其他类型的工具和安全警示，然而，这里列出了能引起最严重伤害的种类。总而言之，要遵循正确的安全规程并利用安全装置如眼镜和耳罩等。

8. 同事之间的安全

同事之间的安全是本章的最后一节，包含它主要是因为工人不时被同事的行为伤害。本节意在保护你不受他人伤害，同时也使你意识到自己的行为如何影响同事。

大多数安装人员发现自己工作时被其他人包围，工地上确实是如此。当同其他人共同工作时，必须要注意他人和自己的行为。如果你从房间内走出去，从车上取下一些东西和从屋顶铺设人员处取一卷屋顶纸，你会发现很麻烦。

如果你不注意自己周围进行的一切，可能会卷入麻烦。起重机有时可能重物坠落，如此重物落在你身上可能是致命的。设备操作人员不会总能看到安装人员为一片瓷砖跪倒，与重型设备的近距离接触也不罕见。

你必须时刻为自己观望，当你有了现场经验后，对迫近同事的问题会养成自然的反应，当出现问题或即将出现问题时你会意识到。但你必须要健康地活得足够长以获得这些经验。

要注意你头顶上方正在进行的工作，避免在其他人下面或头顶上方有危险的情况下工作。让其他人知道你在什么位置，当梯子移开或塌落时，你在屋顶或阁楼上不会陷入困境。

你必须时刻记住你的行为可能伤害同事，如果你在屋顶上焊接管道时锤子坠落，可能伤及他人。在同事间建立联络是避免伤害的最好方法。如果每个人都知道他人在哪里工作，伤害可能会减少。从根本上说，应考虑更多一点儿，并时刻保持清醒。安全常识无可替代。

第 12 章
急救

人人都应花些时间学习基本的急救知识，你也许从不知道具备急救处理的技能能够挽救你的性命。安装人员可能很危险，工作过程中的伤害时有出现，即使大部分伤害相当小，也需要处理。你知道从手中取出瓷砖碎片的正确方法吗？你的伙伴因电钻的电缆遭破坏而受到电击时，你知道怎么做吗？许多安装人员没有好的急救技能。

在我们深入这一章前，有几点需要明确，首先，我不是专业医生或任何的护理人员；我接受过急救的课程，但我肯定不是医疗上的权威。本章中我所给出的建议仅仅为提供信息而已。这本书并不能和经过认证专业机构提供的急救培训教材相提并论。

在这儿，我的目的是让你知道一些基本的急救过程，以使工作更加从容，但是希望你能理解这并不是说只要采用我的建议，你就可以掌握急救。本章将展示多种你可以从急救课堂上获得的有利条件，在尝试将急救施加于别人或自己前，你应参加一个有组织的、经过认证的急救课程。我将给予你尽可能准确的信息，但不要认为我给予的已经足够，应抽出一些时间寻求专业的急救培训。你可能永远不会用到你所学的，但一旦用到，你将很高兴自己所付出的努力。说到这儿，还是让我们尽快进入急救的学习吧。

1. 外伤

外伤对安装人员来讲是普通的问题，他们使用的许多工具和材料都可能造成外伤，如果你或你的伙伴被割伤，如何办呢？

- 尽快止血
- 消毒防止伤口感染
- 采取措施避免出现休克症状
- 一旦伤者稳定，寻求对严重伤口的医疗方面的关注

当严重的切割发生，伤者可能出现休克，失血过多可导致意识的丧失，过度失血可导致死亡。作为急救的施救者，你必须迅速采取措施避免并发症的发生。

(1) 流血

为止血，直接按压通常是较好的策略。这就意味着将手压在伤口上，虽然有些粗鲁，但希望是干净的按压。理想的情况是将消过毒的材料放在伤口上并固定，一般采用绷带（即使是管绷带也行）。若你在对别人施救，要尽可能戴上橡胶手套以保护自己。用厚纱布作为按压材料可以吸血，并使血液开始凝固。

严重的外伤流出的血可能渗透按压材料，如果是那样，不要移掉按压的吸血材料，要在其上增加一层，保持伤口上的压力。如果你没有准备急救包，可以使用从衣服剪裁下来的布条固定在伤口上来代替纱布和绷带。

当你处理流血的伤口时，通常最好是将其抬高。如果怀疑在伤口位置有骨折，最好不要乱动。我们通常说的抬高伤口就是将伤者伤口的位置抬到其心脏以上，这有助于血液在重力作用下回流。

(2) 十分严重

即使是采取了按压和抬高伤口的办法也不能使特别严重的伤口停止流血，当发生这种情况时，你必须采取向伤口处供血的主动脉上施加压力的办法，但压迫动脉并不能代替前面讨论的步骤。

在动脉上施加压力是一件严肃的事情，首先，你必须能确定动脉的位置，且不能过长时间压迫动脉，你必须按压一会儿，放松一下，然后再按压；重要的是不要长时间限制动脉血的流动。对于这个过程我不想多说，因为我感觉应在有组织的课堂环境里

学习这个方法。但我对这些要点还是有所了解的。一定谨记，这些说明不能代替认证指导员的专业培训。

手臂上的伤口需要控制前肢动脉，其位置在手臂侧面二头肌和三头肌之间、腋窝和肘的中间。用你手指平滑的部分施加压力，一般来讲，一只手握住伤者的手腕，另一只手按压动脉，由手指压力将动脉压在臂骨上限制血液流动。再强调一下，在你通过训练能够正确实施整个过程之前，先不要尝试这种急救方法。

严重的腿部伤口需要限制股动脉，其位置在骨盆区域，一般来讲，对流血的伤者实施这一过程时要躺下，手掌的根部按压动脉限制血液流动，一些情况下可以用手指来施加压力。我不想更详细地讨论这个过程，因为我不希望你仅仅依赖我告诉你的这些，这些已足以使你理解什么时候和在哪里施加压力能够挽救生命，你还应该寻求这方面的专业培训。

（3）止血带

止血带在电影里受到很大的关注，但如果使用不当，它们也能像起到的好作用一样造成伤害。止血带仅能用于危及生命的情况下，当使用止血带时，存在使止血带限制的肢体丧失活力的危险，这无疑是重大的决定，是一项只有在没有其他办法止血的情况下才能做出的决定。

不幸的是，安装人员可能遇到只有止血带才能解决问题的情况，例如，如果工人使电锯失控，手可能会被严重伤害或可能发生其他类型的危及生命的伤害，这将导致使用止血带。让我们讨论一下止血带使用的基本情况。

止血带至少2in宽，应放在伤口的上方、伤者伤口与心脏之间，但不能直接绑扎在伤口上。止血带可以用许多种材料制作，如果你使用布条，将布条缠绕在受伤肢上并打结，然后用棒、螺丝刀或其他手边的东西拧紧。

一旦你决定了使用止血带，包扎物只能由医生拆掉。值得注意的是，记住使用止血带的时间能帮助医生评估他们的选择。从使用止血带推而广之，你最有可能诊治的是休克的伤者。

（4）感染

感染一般同外伤联系在一起，当外伤严重到需要按压处理时，不要试图清洁伤口，保持按压伤口阻止流血。对切断的外伤，注意休克的征兆并准备及时处理。你对严重外伤的最初关注是止血，并尽可能快地获得专业医务治疗。

比深伤口更普遍的较小外伤应该清理，一般的肥皂水可以用来在按压前清洁伤口。记住，对于小的割伤或刮伤，用清洁的水充分地洗伤口，消毒纱布可以用来揩干伤口，然后在送往医疗机构时将干净的绷带敷在伤口上。

2. 碎片及其他

碎片和异物可能侵入安装人员的皮肤，最好由医生来将其清除，但也有一些现场处理的方法可以尝试。将放大镜和镊子配合使用来清除异物如裂片、刺等。理想的情况是，使用的镊子应消毒，或者在明火，如喷枪的火焰上烘烤，或者在开水里煮。

小窍门

- 采用直接按压来止血。
- 戴橡胶手套以避免与伤者的血液直接接触。
- 如果可能，抬高流血部位的肢体。
- 特别严重的外伤需要按压给受伤区域供血的动脉。
- 比起带来的益处，止血带可能带来更大的伤害。
- 止血带应置于伤口的上方，伤口与伤者心脏之间。
- 止血带不应直接覆盖在伤口上。
- 止血带应由训练有素的医务人员拆除。
- 如果使用止血带，记住施加止血带的时间。
- 当流血的伤口需要按压绷带时，不要试图清理伤口，尽快直接按压。
- 注意观察大量出血的伤者休克的症状。
- 较小外伤在包扎前应清理。

没入皮肤的裂片和刺可用消毒的针剔出，针配合镊子使用对清除大部分简单的碎片十分有效。如果你处理深入组织内部的异物，最好不动它，等医生来清除。

3. 眼部伤害

在建造和改造工程中，眼部伤害十分普遍，如果正确佩戴眼部保护，大部分的伤害可以避免，但太多的工人不佩戴安全眼镜和护目镜，这将导致眼部的炎症和伤害。

在你试图帮助受到眼部伤害的伤者前，应彻底将手洗干净。我知道这在工程现场一般不可能，但这是十分有益的。其间，控制伤者不要擦拭受伤的眼睛，因为擦拭可能使事情更糟。

不要试图使用刚硬的器物从别人眼里清除异物，例如牙签。采用湿润的棉签作为载体将异物“粘”出。如果你正帮助眼睛内有异物的伤者，应尽快带他去看医生，不要试图自己清除异物。

当你检查造成眼部伤害的原因时，应拉下眼睛的下眼睑确定是否能够看到导致伤害的异物。漂浮的异物如锯屑裹在眼睑之间，可以采用纸巾、湿棉签，甚至干净的手帕清除。不能用干燥的棉质材料接触眼睛。

如果检查下眼睑未发现致伤源，检查下眼睑的下部。干净的水可以在对眼睛不造成伤害危险的情况下洗出许多眼睛污物。不易清除的异物应等医生将其取出。

- 如果可能，在处理眼部伤害前应洗手。
- 不要擦拭受伤的眼睛。
- 不要试图自己清除裹在眼睛内的异物。
- 干净的水可以洗出许多眼睛污物。

4. 头皮伤害

头皮伤害可能造成误解，看起来十分严重的可能只是相当小的伤口，另一方面，表面仅仅为切割伤口的可能包括了头骨骨折。如果你或你附近的人受到头皮伤害，如上面工人的锤子落在你头上，应严肃对待，不要试图清理伤口，除非在大量流血的情况下。

如果你不怀疑有头骨骨折，抬高伤者的头部和肩膀以减少流血，不要弯曲脖颈；在伤口处敷上消毒的绷带，但不要额外施加压力。如果有头骨骨折，施压可能使事态更糟。用纱布或其他材料包裹在伤口四周以保护绷带，并立即寻求医务帮助。

5. 面部伤害

面部伤害可能发生在地面工作中，我曾经看到助手不小心使钻孔机失控，被重重击中了面部。有一次，我记得掉了牙齿，当钻孔机失控时导致嘴唇和舌头撕裂的现象比较普遍。

特别严重的面部伤害可能导致伤者呼吸的阻碍，当然这是十分严重的情况，关键是在所有时间都要保持呼吸的通畅。如果伤者口腔内有被打掉的牙齿或假牙，应清除掉。小心不要动伤者的脊骨，除非你有理由认为伤者背上或颈部可能受到了伤害。

如果可能，应有意识地把伤者正确放置，以保证口和鼻中分泌物的排出。十分严重的面部伤害应注意休克的潜在迹象。对大多数工作现场的伤害，安装人员应小心处置，并及时到医疗机构接受治疗。

6. 鼻子流血

处理鼻子流血一般不困难，通常来讲，当鼻子流血时在鼻子两侧按压可以阻断流血，冷敷也可以起到作用。如果外部按压不能停止流血，用干净的小团纱布阻塞鼻孔，然后，在鼻子外部施加压力，这样通常会起到作用。如果仍然无效，就去看医生。

7. 背部伤害

关于背部伤害，你只需要知道一件事，不要移动伤者，打电话寻求专业帮助并照看伤者，直到专业人员赶到。移动背部受伤的伤者可能十分危险，不要那样做，除非有生命危险不得不采取行动，例如人困在火中或其他有死亡危险的情况。

8. 腿和脚

腿和脚有时在现场会受伤，当有人的腿和脚轻微受伤时，你可以清理并包扎伤口。非压缩性的绷带可以提供支持，如果可能，应将伤肢抬高超过伤者的心脏。避免让伤者行走，脱下伤者的鞋子和袜子，以便能够看到伤者的脚趾，如果脚趾膨大变紫，就放松固定的绷带。

水泡

水泡看起来不像太多的紧急事件，但它肯定能使助手或安装人员失去干劲儿。多数情况下，可以在水泡表面覆盖一层厚纱布垫以减轻疼痛，通常建议不要弄破水泡，当水泡破了后，应像处理外伤一样处理水泡的区域。某些水泡的后果要严重得多，例如手掌或脚底上的水泡，它们应由医生来处理。

9. 手部伤害

手部伤害在地面工程中比较普遍，小的割伤更频繁，即使是最小的皮肤划破也应包扎，严重的手部伤害应抬高，这能减轻胀痛。不要试图自己清理十分严重的手部伤害，用压力绷带控制流血。如果伤口在手掌上，用一卷纱布由伤者压住以减慢血流。压住能控制流血，但如果不能，就寻求医疗帮助。同所有的伤害一样，在急救后运用常识判断是否需要专业的处理。

10. 休克

休克是可能危及生命的状况，即使伤者受到的伤害不至于危及生命，我们讨论的是外伤所致休克，不是电击休克。许多因素可导致休克，重伤是普遍的致因，但许多其他致因也存在。你可以发现一定的休克迹象。

如果人的皮肤变白或紫或变得冰凉，就是休克的迹象。皮肤变得湿冷说明出现了休克症状，全面的虚弱也是休克的症状。当人出现休克时，脉搏一般会超过每分钟 100 次，呼吸急促，但深浅不一，没有规律，胸部伤害通常导致浅呼吸。失血过多可能颤抖，也是要休克的症状。呕吐和恶心也是休克的症状。

当人出现深度休克时，可能出现没有反应，瞳孔放大，血压下降，有时伤者可能丧失意识。体温下降，如果处置不当可能死亡。

处置休克有三个主要目的：保持伤者血液流动正常，保证伤者供氧正常，并保持患者的体温。

当你处置休克患者时，应使其保持平躺，覆盖以保证身体热量丧失最少，并尽快进行药物治疗。保持患者平躺的理由是使患者的血液流动正常。记住，如果你怀疑背部或颈部有伤，不要移动患者。

没有意识的患者应被侧身放置，使其口和鼻中的液体能够流出，因为保证呼吸通畅也很重要。头部受伤的患者应躺平或靠起，但头部不能比身体其他部位低。有时抬高休克人的脚会有益，当脚被抬起后，如果出现呼吸困难或疼痛加重，应放下。

体温是休克患者的一大关注焦点。你希望避免或克服抽搐，但不要试图采用人工方法增加患者体表的温度，这可能有害。应用毯子、衣物和其他类似的物品保持体温。

避免给患者摄入维生素液体，除非长时间无法提供医疗服务。如果患者丧失意识或出现呕吐，应完全禁止摄入液体。在现场条件下，应限制液体摄入。

休克征兆列表

√ 皮肤变白或紫或变得冰凉

√ 皮肤变得湿冷

√ 全面虚弱

√ 脉搏超过每分钟 100 次

√ 呼吸急促

√ 呼吸浅

√ 抽搐
√ 呕吐和恶心
√ 没有反应
√ 瞳孔放大
√ 血压下降

11. 烧伤

烧伤在地面铺设人员中不普遍，但可能在现场发生。有三种不同程度的烧伤需要处理：Ⅰ度烧伤最轻，这种烧伤通常源于太阳下的过度暴晒，建造工人经常需要承受这种暴晒；快速接触热的物体，像喷灯嘴，以及滚烫的水，当与锅炉或热水器在一起工作时可能会有这种情况发生。

Ⅱ度烧伤更严重，可由深度太阳灼伤或与热液体和火焰接触导致。受到Ⅱ度烧伤的患者在烧伤区域会呈现红色或者斑点，出现水泡和潮湿。这种潮湿的观感是由于体液渗透通过皮肤表层所致。

Ⅲ度烧伤最严重，由于与开放火焰、热物体接触或浸入热水中所致。电击也可导致Ⅲ度烧伤。这种程度的烧伤看起来像Ⅱ度烧伤，但皮肤损失的层数不同。

处理

对大部分与工作相关的烧伤可以在现场进行处理，不需要去医院。Ⅰ度烧伤应用冷水清洗或浸泡在冷水里，如果需要，在其上敷以干敷料，这类烧伤不严重，消除疼痛是首要目的。

Ⅱ度烧伤应沉浸于冷（但不冰）水中，浸泡时间最少 1~2h。浸泡后，用蘸过冰水的拧干的干净布覆盖伤处，然后，用吸水纸吸干伤处，而不是擦干。用干燥、柔软的纱布覆盖其上。不要弄破任何水泡。不建议在严重的伤处使用药膏或喷雾剂。烧伤的手和脚应抬高，并接受医疗观察。

严重烧伤，即Ⅲ度，需要尽快接受医疗处理，首先，不要脱伤者的衣物，因为皮肤可能与之相连，消过毒的厚布应覆盖在伤处。如果可能的话，我个人建议不要这样，衣物可能与多处烧伤皮肤相连，脱衣服可能导致失去更多的皮肤。当手被烧伤时，抬高使其高于伤者的心脏，对于腿和脚也同样。对Ⅲ度烧伤不要浸泡在冷水中，那样可导致休克的症状。不要使用药膏、喷雾剂或其他的治疗方法，尽快把伤者送到专门的医疗机构。

12. 高温作业问题

高温作业问题包括中暑和虚脱，抽筋在热天工作时也可能出现。有些人不认为中暑是严重的问题，他们错了，中暑可能导致死亡，中暑人的体温可超过 106℉，他们皮肤热、发红并且干燥，你可能认为会出汗，但是没有，脉搏快而重，患者可能陷入无意识状态。

对于中暑的患者，需要尽快降低患者的体温，然而，一旦患者体温降到 102℉以下，体温降低速度过快也是危险的，可以采取擦酒精、冷敷、衣服上撒冷水或使用浴缸里的冷水等方法降低体温，降温过程中避免使用冰，风扇和空调可以用来达到降温的目的，将体温降到最少 102℉，然后寻求医疗帮助。

（1）抽筋

抽筋在工人轮班期间不经常出现，用简单的方法就可以解决这种问题，盐水是另一种控制抽筋的方法，每 15min 喝一杯混合一汤匙盐的水和半杯维生素饮料。

（2）虚脱

热虚脱比热中暑更普遍，热虚脱的人通常保持相对正常的体温，但皮肤可能苍白和湿冷，患者汗很多并抱怨累和虚弱。头痛、抽筋和恶心可能是伴随的症状，一些情况下，可能出现晕倒。

前面介绍的盐水治疗法一般对虚脱也起作用，患者应躺下，并将脚抬至比地面或床面高 1ft 的位置，放松衣物，凉而潮湿的布可以用来使患者更舒适。如果出现呕吐，马上带患者到医院接受静脉注射，以补充液体。

我们可以继续更长时间地来讨论急救，然而，我在此能够给予你的医疗知识是有限的，你、你的家人和与你共同工作的人都应该学到急救的技术。在当地通过参加正式的课程可能会学得更好。大部分的城镇和城市均提供急救基本课程的培训，我强烈建议你参加一个类似的培训。只有当你在课堂里学到一些现场经验和足够深的理论知识之后，才能说明你为应对紧急情况做好了准备。不要急功近利，从现在开始就为可能永不发生的紧急情况做准备吧。

第 13 章
行业工具

1. 基本知识

在前面的章节中，我们讨论了实施专业地板安装所需的基本工具。高质量的工具可看作你为自己职业生涯投入的资本，质量欠佳的工具会给你带来不便，使你在每一天和每一个安装过程中烦恼不已。

便宜工具在正常使用下会出现弯曲，并变得很难使用，便宜的钻头很快变钝，造成不必要的麻烦，设计低劣的锯也容易变钝无法使用，一些低端手铲的手柄与刀锋点焊连接，正常使用时，这些焊点容易断裂，导致工具完全破坏。

专业级工具专门为高水平制造，并使你充满自信，能为客户提供稳定的高技术服务。我给你的最好建议是，购买你所能承受的质量最好的工具，好的工具将会很快成为可信价值部分进入你的工作成果。

向专业人士学习

特别注意其他专业人士员在安装地板时使用的工具，通过观摩名匠的工作能学到不少东西，并了解他们所用的工具到底怎样或为什么既节省时间又创造优秀的产品。在你实际看别人工作时，不要害怕去问关于工具的问题。大部分专业人士对于他们的工具和使用工具的技能很自豪。在你发问前恭维一下专业人士的技艺，总会得到正面的响应。

2. 行业工具

在本书的这部分，我们提供各种类型的专业地板安装工具的说明和描述，若使用这里列举的许多专业工具，安装瓷砖、油毡、聚乙烯片材和硬木地板的过程都能提高效率。在你的专业技能不断提高的同时，我鼓励你参考这部分内容，你会发现许多这些工具正好为你手边的工作而设计，并为你节省大量的劳动和烦恼。相信我，在你的地板职业生涯中，一系列工具将为你创造几倍于其自身价值的东西。

图 A-1 像这种组合刀可用来切割地毯和片状物（蒙 Crain 工具公司允许）

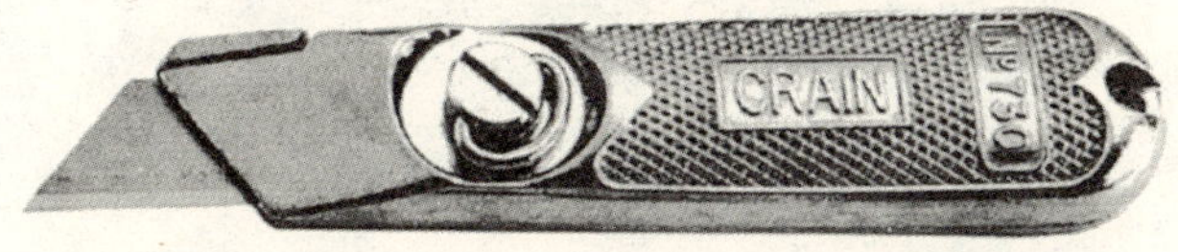

图 A-2 通用刀是一种价值很高的地毯和一般地板的安装工具，这个样品展示了一个拇指突起能够不用螺刀更换刀刃（蒙 Crain 工具公司允许）

图 A-3 以尾部装备安装刀刃夹更换刀刃为特征的地毯刀（蒙 Crain 工具公司允许）

图 A-4 在破损地毯上切洞的地毯工具，并从替换地毯上切取补丁（蒙 Crain 工具公司允许）

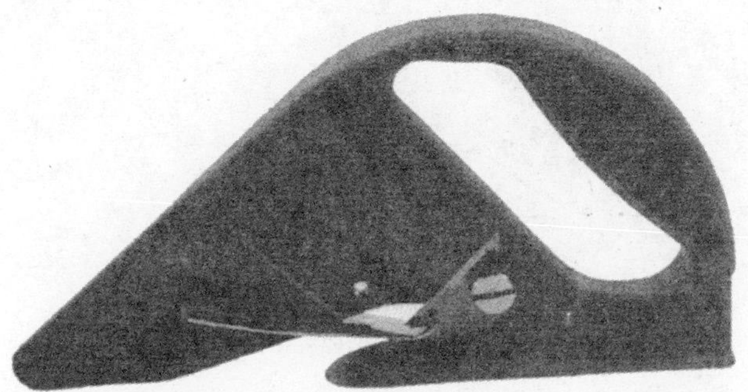

图 A-5　起圈绒头切割器，是为从起圈绒头地毯背面切割之用（蒙 Crain 工具公司允许）

图 A-6　这种地毯切割工具是为切割采用泡沫或海绵做背衬的地毯之用（蒙 Crain 工具公司允许）

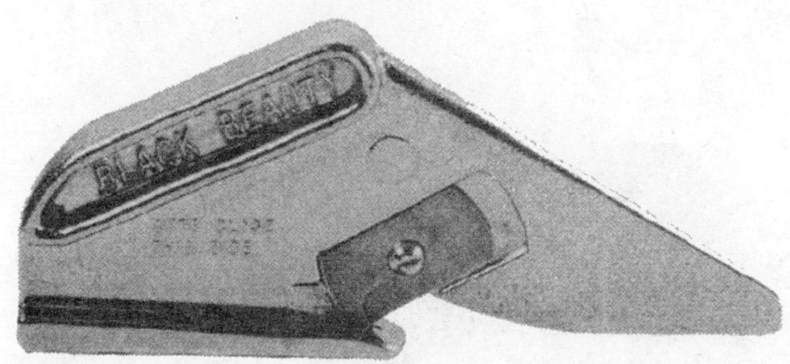

图 A-7　这种起圈绒头切割器是为切割采用黄麻做背衬的矮圈商贸地毯之用（蒙 Crain 工具公司允许）

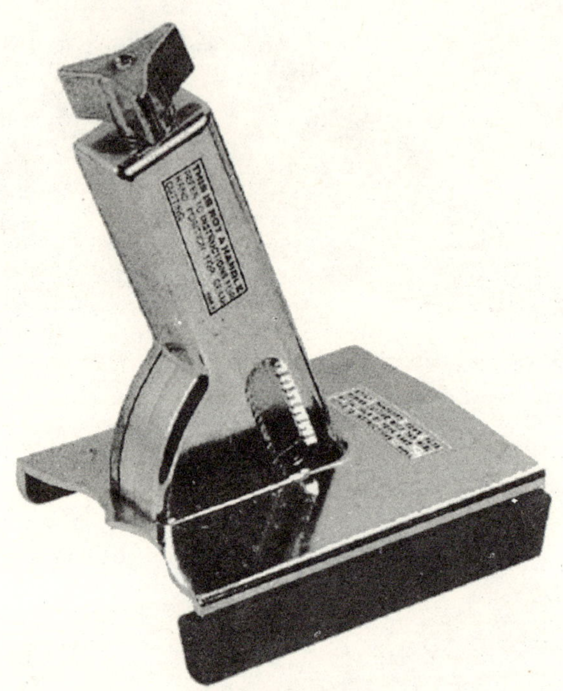

图 A-8 这种地毯顶部切割器是为从地毯顶面准确接缝做准备之用：搭接地毯的两边缘，塞进工具内并沿接缝长度方向向前推。这个切割器可以制作出完美的直线边缘（蒙 Crain 工具公司允许）

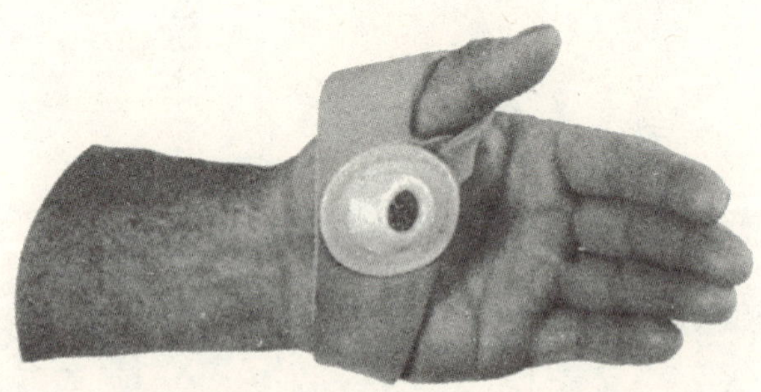

图 A-9 掌顶针帮助使缝合地毯变得容易，缝合顶针也有指顶针式样（蒙 Crain 工具公司允许）

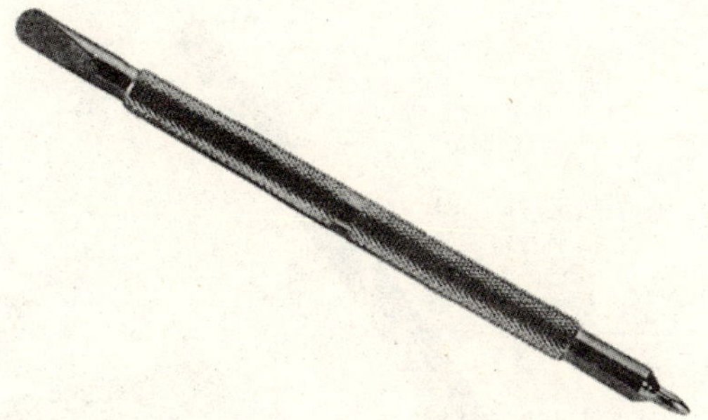

图 A-10　行隔离器是一个用来伸展地毯纤维簇的双头工具，一端用于切断纤维簇，另一端用于打结。这能有效伸展纤维簇，修整时可最少程度地剪断纤维（蒙 Crain 工具公司允许）

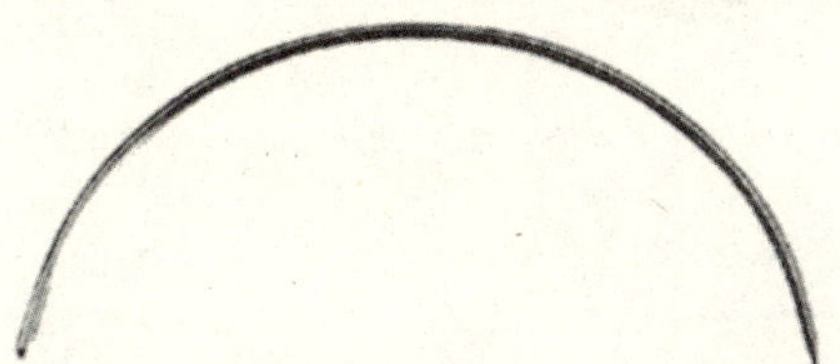

图 A-11　典型的地毯缝合针，这些针尺寸有 $2\frac{1}{8}$、3 和 4in（蒙 Crain 工具公司允许）

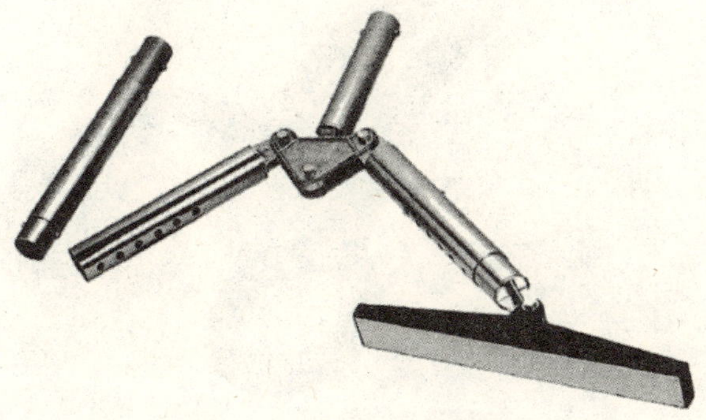

图 A-12　铺展器腿是和电动铺展器一起使用，可以在长走廊中铺展地毯之用（蒙 Crain 工具公司允许）

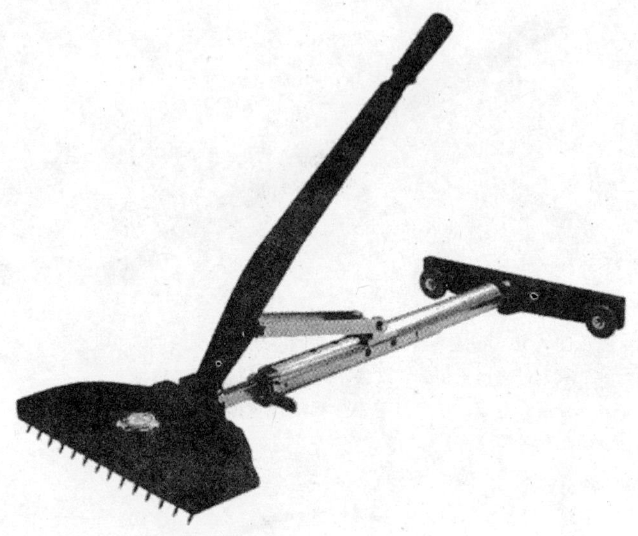

图 A-13 电动铺展器用于铺展地毯（蒙 Crain 工具公司允许）

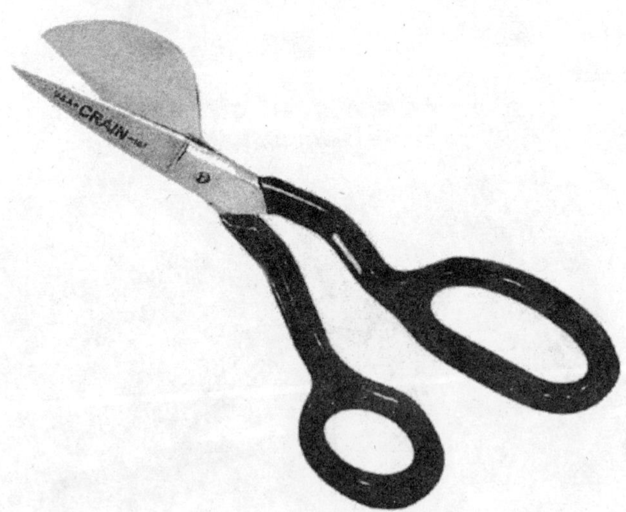

图 A-14 绒毛剪用于剪地毯，鸭嘴形能够避免剪出凹槽（蒙 Crain 工具公司允许）

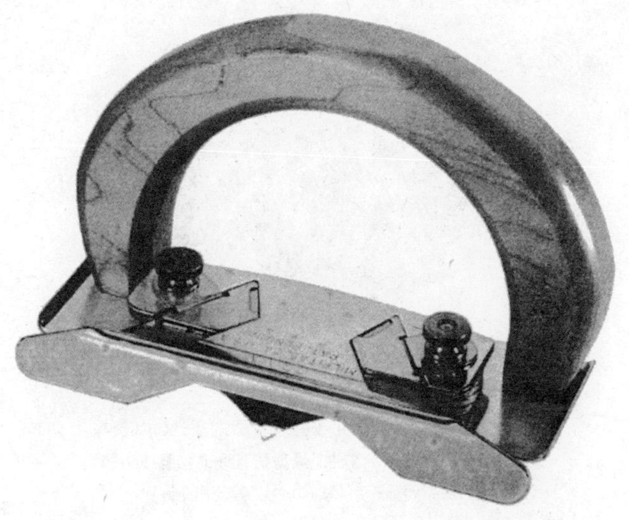

图 A-15　地毯压针修边机卷拢地毯边缘压入房间边缘檐槽（蒙 Crain 工具公司允许）

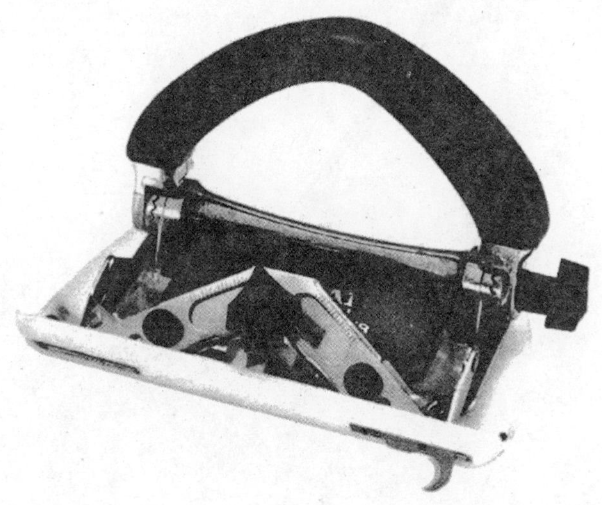

图 A-16　这种修边工具使用不同用途的刀片，既可以修剪地毯，又可以修剪聚乙烯塑料使其适合墙体。这种修边机能用于在低矮的间距下准确修剪（蒙 Crain 工具公司允许）

图 A-17 这种修边机用于修剪合适的重迭，以便与“Z”形条一起使用，这种工具剪切直线或轮廓线边缘，以适应缸砖或平板安装（蒙 Crain 工具公司允许）

图 A-18 这种地板刮刀用于铲除聚乙烯砖和瓷砖，并且是为从站立位置使用而制造的（蒙 Crain 工具公司允许）

图 A-19　这种带有重金属柄的惯性刮刀用于铲除硬聚乙烯砖和瓷砖的工作（蒙 Crain 工具公司允许）

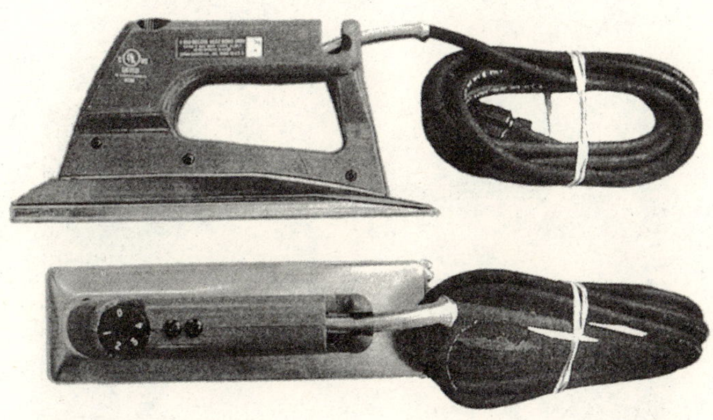

图 A-20　热粘结熨斗用于粘结地毯接缝（蒙 Crain 工具公司允许）

图 A-21 这种配有电振动刀片的剥离机器用于铲除聚乙烯砖和瓷砖（蒙 Crain 工具公司允许）

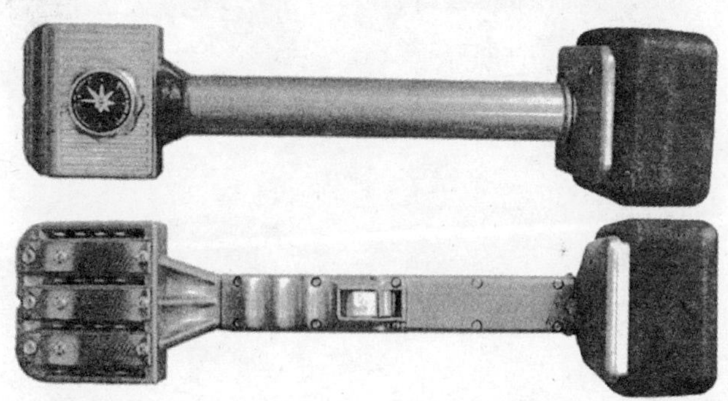

图 A-22 膝撑，用于铺展地毯（蒙 Crain 工具公司允许）

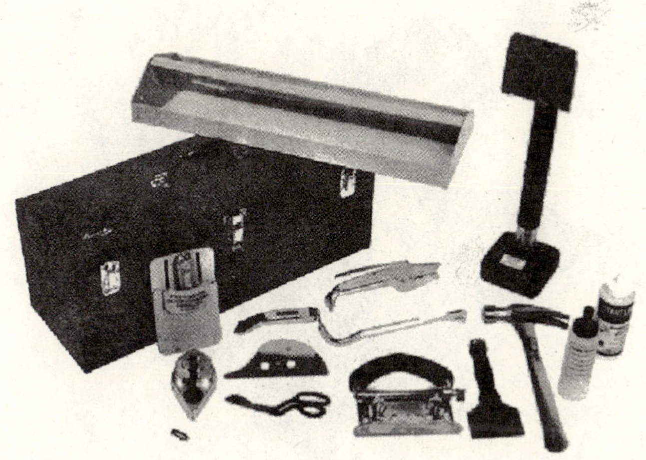

图 A-23　这个安装工具包是为组合安装地毯需要的基本专业工具设计的（蒙 Crain 工具公司允许）

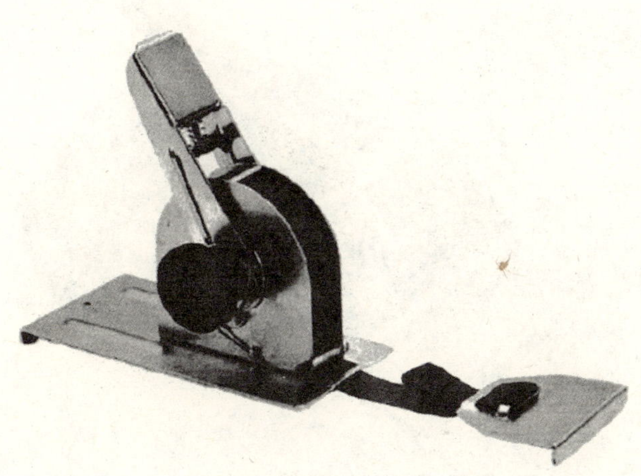

图 A-24　条带式夹紧装置用于在 18ft 范围内夹住薄条带（蒙 Crain 工具公司允许）

图 A-25 可调节的墙体隔离器用于隔离墙体与地板片之间的距离，或夹紧和压住接缝（蒙 Crain 工具公司允许）

图 A-26 地板钳是利用杠杆原理的吸盘式工具，用于连接复合地板片表面并联合夹紧，让安装人员能够在任何方向或从房间的任何位置夹紧（蒙 Crain 工具公司允许）

图 A-27　拉板用于拖动涂了胶的板材，使其在企口接头处连接紧密（蒙 Crain 工具公司允许）

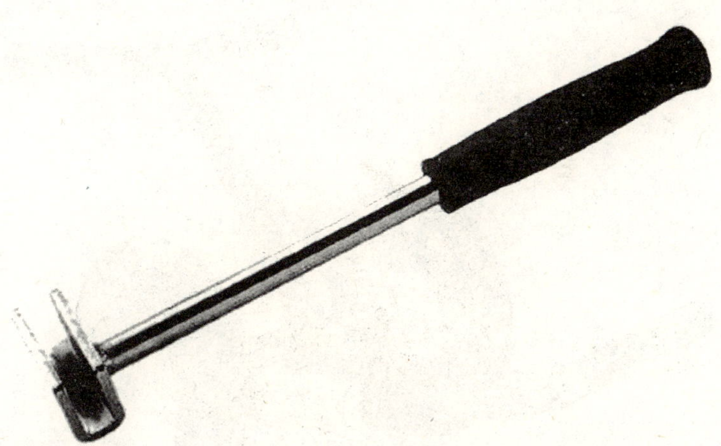

图 A-28　平板移动工具用于清除需要更换的复合板，需要更换的板被切成碎片并用本工具的撬动动作清除掉（蒙 Crain 工具公司允许）

图 A-29 双气撬设备移动系统，将踏板滑动到荷载下并开动鼓风机，荷载被抬起，用一个手指就可以推动（蒙 Crain 工具公司允许）

图 A-30 地毯手推车用于支撑和运送整卷或部分地毯（蒙 Crain 工具公司允许）

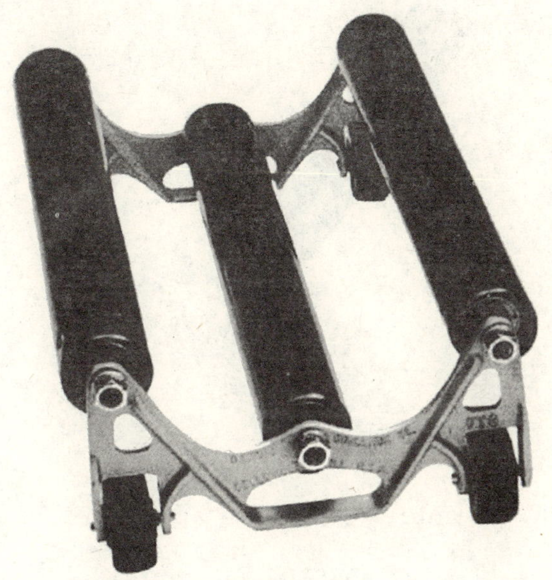

图 A-31a　运输平板车用于移动地板材料（蒙 Crain 工具公司允许）

图 A-31b　运输平板车用于移动地板材料（蒙 Crain 工具公司允许）

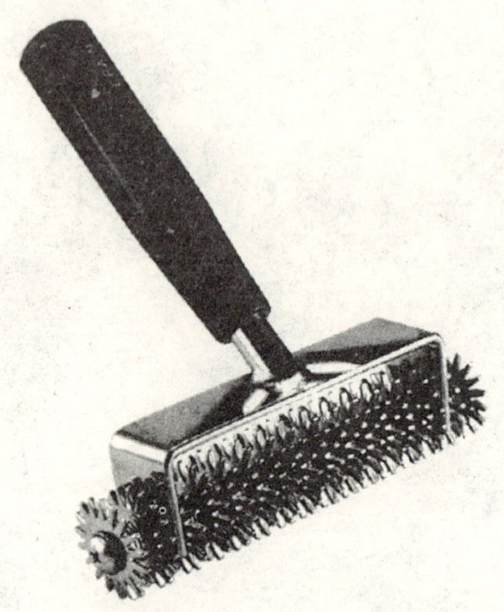

图 A-32 地毯接缝辊子用于将接缝拉在一起，同时混合地毯纤维使接缝更不易被察觉（蒙 Crain 工具公司允许）

图 A-33 有棱纹的地毯接缝辊子，尤其适用于萨克森、长毛绒和天鹅绒地毯，因为它更不容易挂住纤维（蒙 Crain 工具公司允许）

图 A-34　接缝挤压器，挤压衬垫的边缘使其与地毯形成整体，在接缝处产生更好的效果（蒙 Crain 工具公司允许）

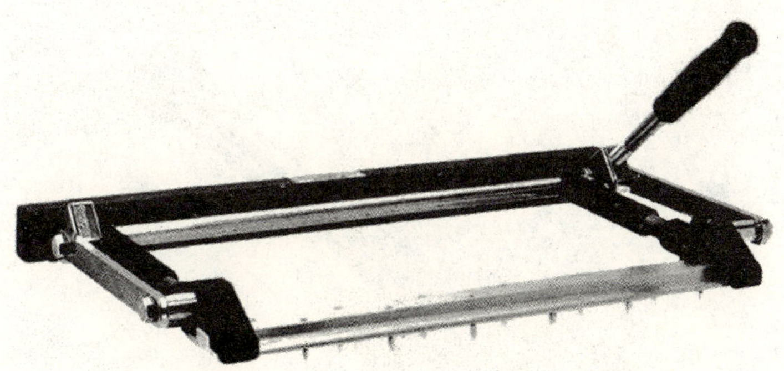

图 A-35　楼梯延伸器用于从楼梯顶部开始工作，允许安装人员借助于重力作用（蒙 Crain 工具公司允许）

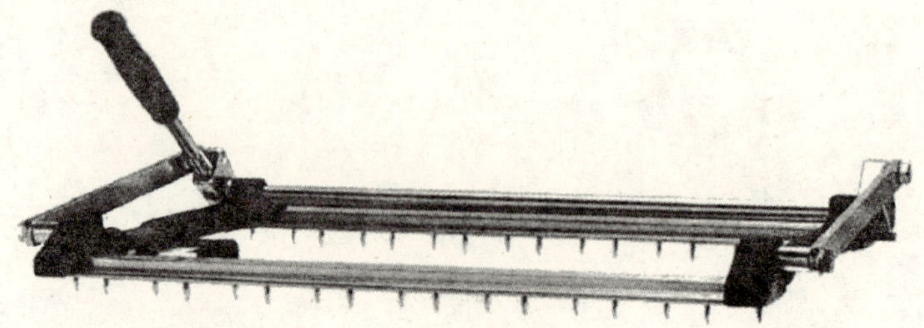

图 A-36 接缝修补延伸器用于将张开的接缝拉在一起并用胶乳、线带或熨斗等进行修补（蒙 Crain 工具公司允许）

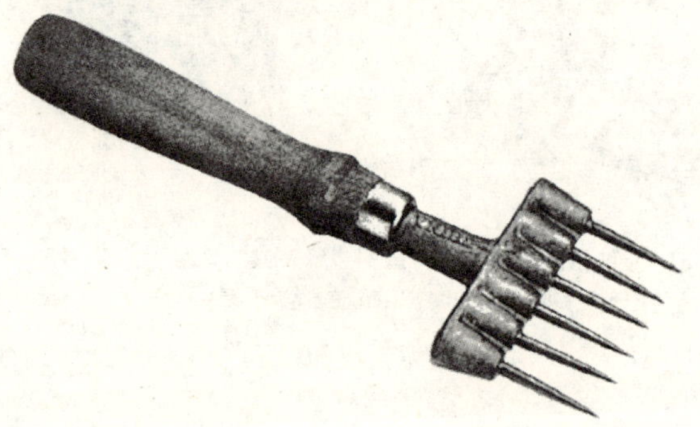

图 A-37 手工延伸器用于墙边狭窄的区域（蒙 Crain 工具公司允许）

图 A-38 窄楼梯工具（蒙 Crain 工具公司允许）

图 A-39　宽垫楼梯工具（蒙 Crain 工具公司允许）

图 A-40　弯曲楼梯工具（蒙 Crain 工具公司允许）

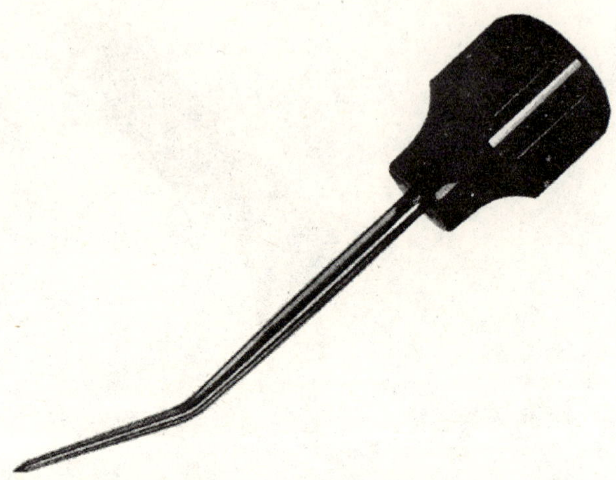

图 A-41 转向工具用于将地毯放在“Z”形条下并卷入边缘沟槽内（蒙 Crain 工具公司允许）

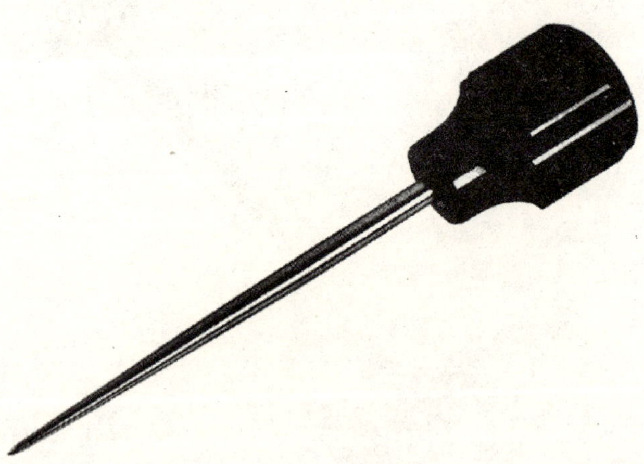

图 A-42 带高碳钢针的地毯锥子从用于锤击的手柄里延伸出来（蒙 Crain 工具公司允许）

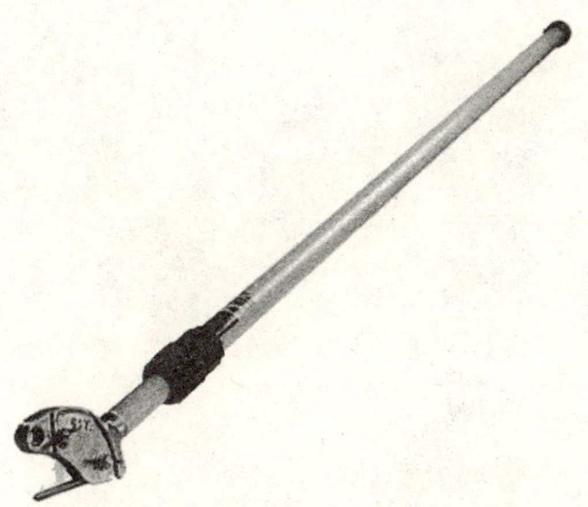

图 A-43　推式切割器用于将粘贴好的地毯切成条带，或大致分割成卷的地毯（蒙 Crain 工具公司允许）

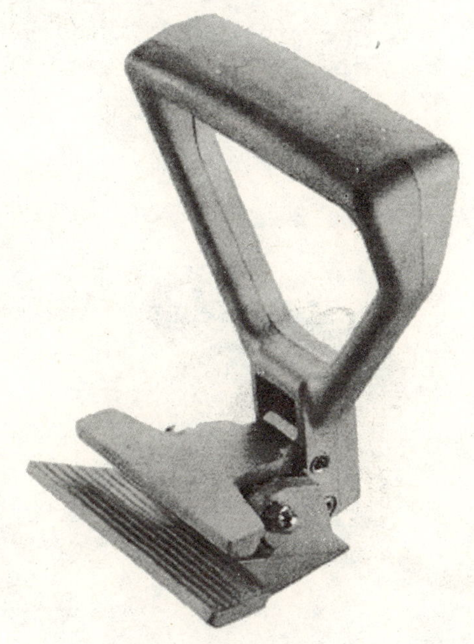

图 A-44　磨损修复工具可采用拉力来夹紧（蒙 Crain 工具公司允许）

图 A-45 地毯夹具用于磨损修复工作（蒙 Crain 工具公司允许）

图 A-46 脚踢锯（蒙 Crain 工具公司允许）

图 A-47 使用中的脚踢锯（蒙 Crain 工具公司允许）

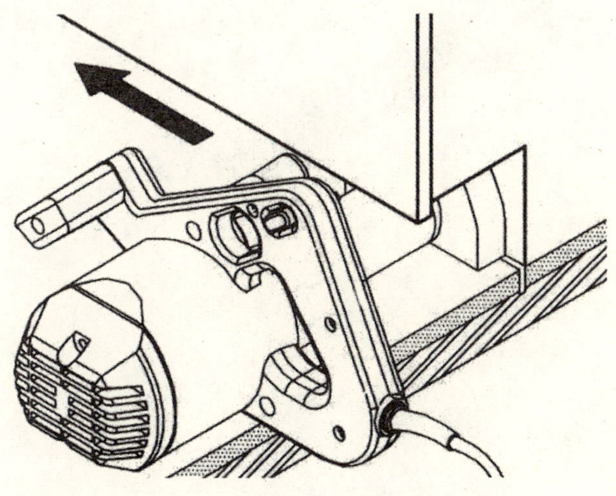

图 A-48 脚踢锯使用方向（蒙 Crain 工具公司允许）

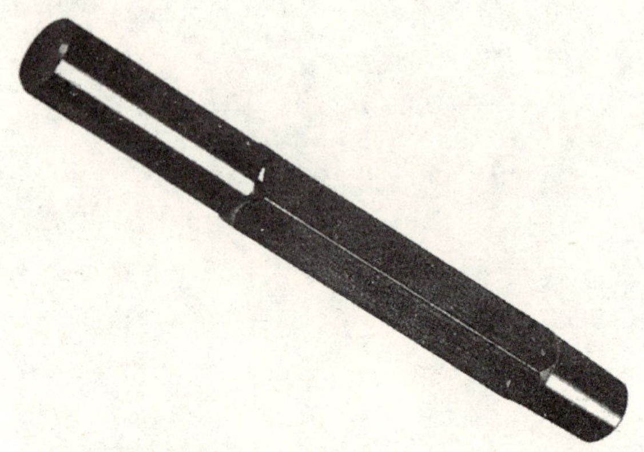

图 A-49 磁性平头钉固定器能够伸入手指进不去的地毯绒毛里，是安装楼梯地毯时很好的工具（蒙 Crain 工具公司允许）

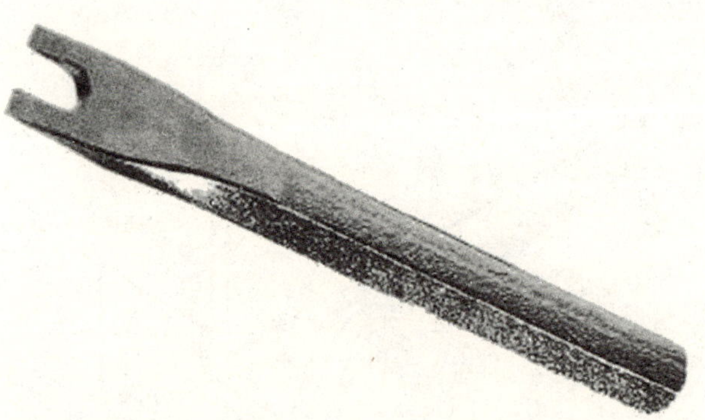

图 A-50 门销钉工具用于剔除门上的销钉而不造成伤害（蒙 Crain 工具公司允许）

图 A-51　多功能底切锯用于底切墙、门框、很低的空间和角落里（蒙 Crain 工具公司允许）

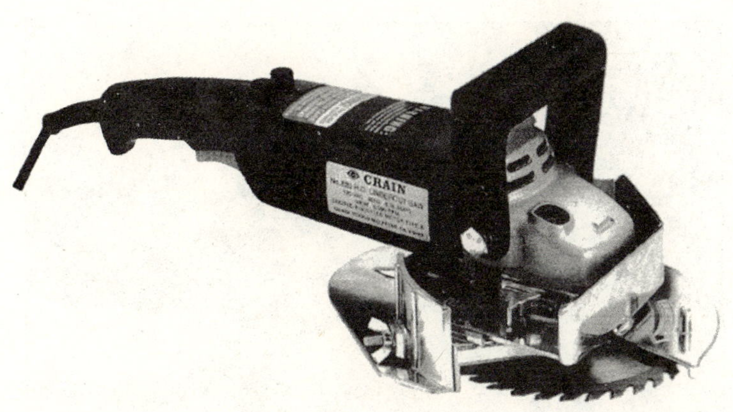

图 A-52　重型底切锯可以底切大部分门，采用石工刀片，也可以用于切割壁炉地面（蒙 Crain 工具公司允许）

图 A-53 柱锯用于底切门、门框和砖石墙（蒙 Crain 工具公司允许）

图 A-54a 柱锯用于底切木头和砖石（蒙 Crain 工具公司允许）

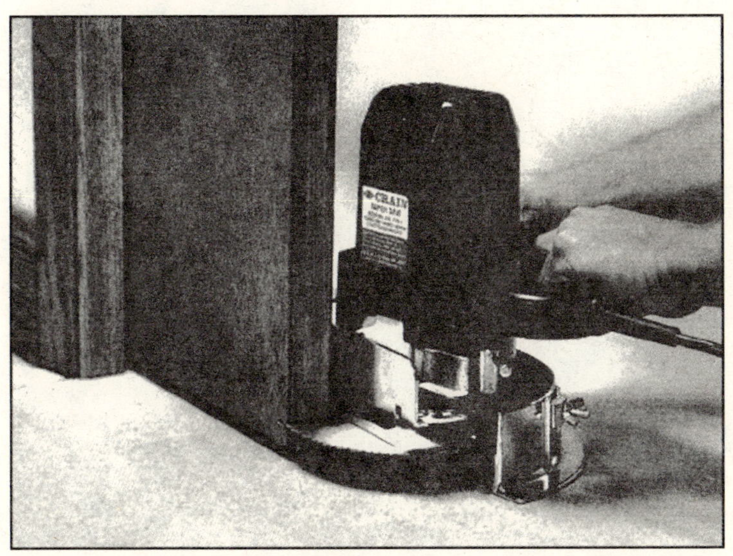

图 A-54b　柱锯砖石用于切割木头和砖石（蒙 Crain 工具公司允许）

图 A-54c　柱锯用于切割木头和砖石（蒙 Crain 工具公司允许）

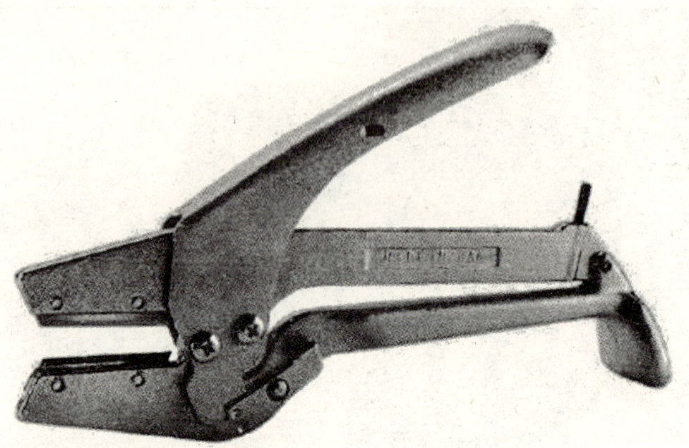

图 A-55 布条切割器设计有两个刀片，用于从上部和底部切割（蒙 Crain 工具公司允许）

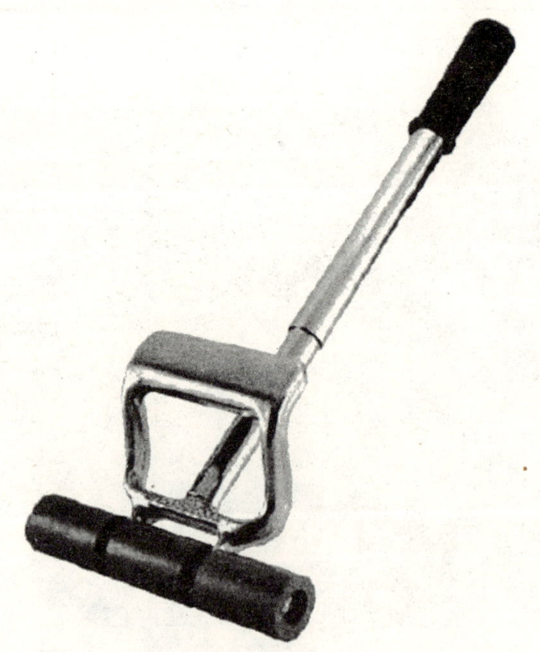

图 A-56 伸长的墙体辊子（蒙 Crain 工具公司允许）

图 A-57　实心钢乙烯基辊子，采用相互独立的辊子以补偿垫层的不规则性（蒙 Crain 工具公司允许）

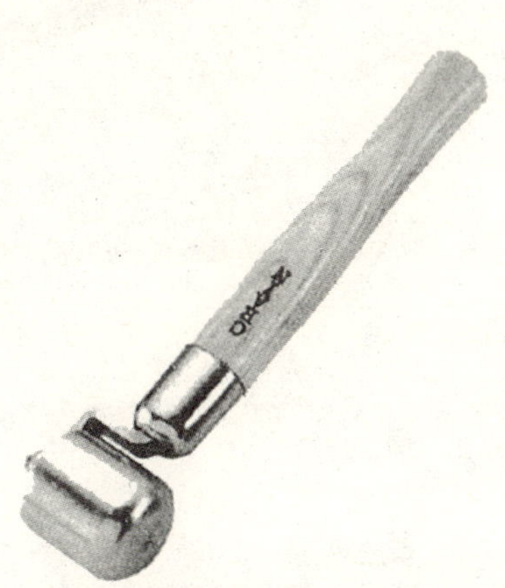

图 A-58　乙烯基接缝辊子（蒙 Crain 工具公司允许）

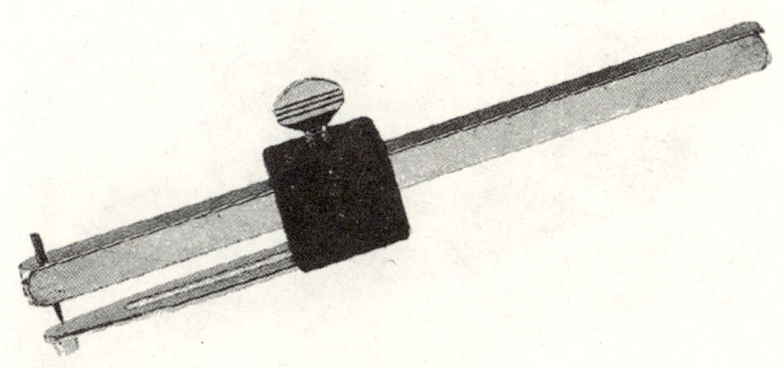

图 A-59　乙烯基块材划线器（蒙 Crain 工具公司允许）

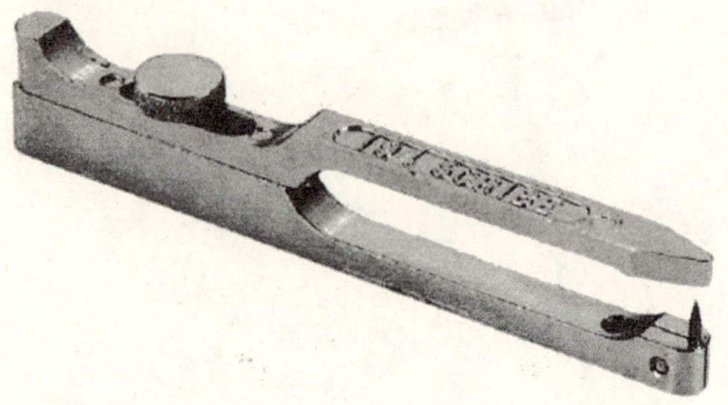

图 A-60 外角划线器用于内凹角部划线（蒙 Crain 工具公司允许）

图 A-61 杆式划线器望远镜使划线范围为 1 ~23in，辊子尖靠着墙体移动（蒙 Crain 工具公司允许）

图 A-62 铰链式划线器用于油毡、乙烯基卷材和衬垫地板材料（蒙 Crain 工具公司允许）

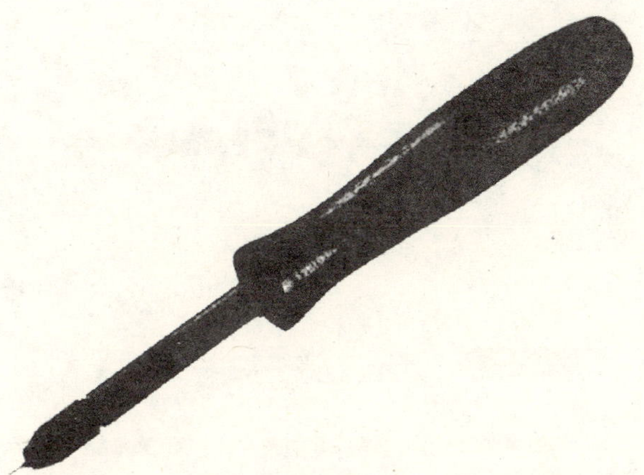

图 A-63　校准针用于标记块材和油毡的图形布局（蒙 Crain 工具公司允许）

图 A-64　乙烯基块材切割器（蒙 Crain 工具公司允许）

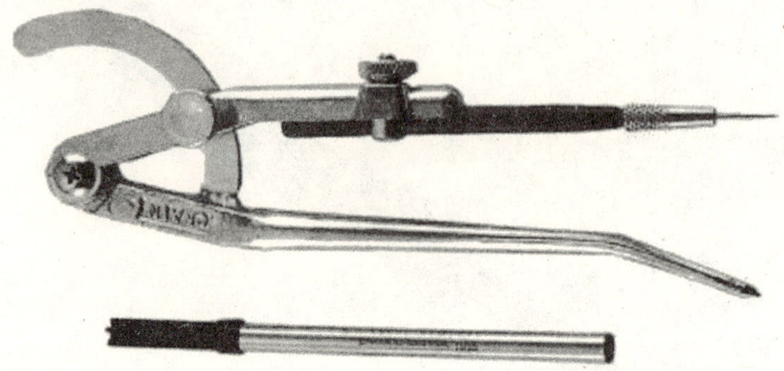

图 A-65 圆规配有弯腿和一个可移动的配有多节固定帽的校准针（蒙 Crain 工具公司允许）

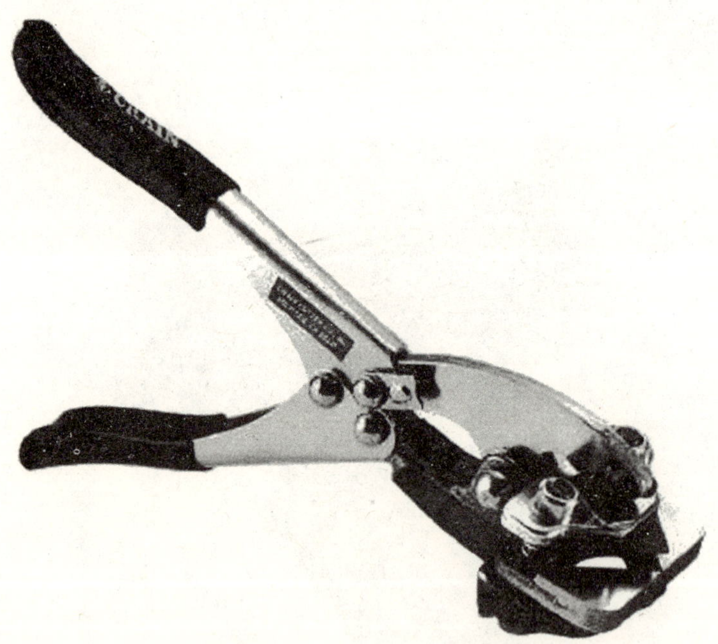

图 A-66 带有乙烯塑料薄帽的金属手柄和模具组合件，用于直接制造不用斜角盒的弯角（蒙 Crain 工具公司允许）

词汇对照

B

Backing yarn 暗藏衬背纱
Baseboard 踢脚板
Base molding 装饰木线
Bedding 基层
Bisque 素磁
Blind nailing 暗钉
Bowing 屈曲
Brace 支撑
Bridging 剪刀撑

C

Cap molding 帽模型
Caulking 嵌缝材料
Ceramic tile 瓷砖
Cement board 水泥板
Cement mortar 水泥砂浆
Cleat 夹板
Concrete 混凝土
Cork tile 软木砖
Cut-pile 切面

D

Direct nailing 直钉
Drop match 对角图案

E

Edge nailing 边钉
Embossing leveler 压花均匀剂
End nailing 端钉
Expansion joint 伸缩接头

F

Filler 腻子
Finish 装饰面层
Floating 抹平
Floating floor 浮搁地板
Floor leveler 地板填充剂

G

Glaze 釉
Glue-down floor 用于地板垫层与地板之间的

胶粘剂
Granite 花岗石
Grout 填缝浆
Gypsum board 石膏板

I

Isolation membrane 隔离层

J

Joint 接头
Joist 地板梁

K

Kinln-dried 窖烘干

L

Landing 楼梯平台
Lap 搭接
Latex-modified grout adhesive 改性乳胶砂浆胶粘剂
Level-loop 平圈绒
Limestone 石灰石
Loop-pile 圈绒

M

Marble 大理石
Masonary 砌体
Mastic 胶合辅料
Molding base 底模
Mortar 砂浆
Mosaic 马赛克
Mud 腻子

N

Nap 拉毛
Natural finish 天然装饰

P

Parquet 镶木地板
Penny 便士
Perm 渗透
Pile density 纤维密度
Plank 厚木板
Plush 长毛绒
Plywood 胶合板
Polyethylene 聚乙烯
Poultice 去污剂

Q

Quarry 采石场
Quarry tile 缸砖

R

Radiant heating 辐射热
Reducer 异高接头板
Refinish 翻新
Ring shank nail 螺钉
Rise 高度

Riser 楼梯的踏步竖板
Run 跑

S

Sanded grout 砂浆
Screed 刮板
Sealer （油漆）封底层
Setting 安装
Set match 匹配
Slab 平板
Slate 板岩
Slip tongue 滑榫
Stipping 剥离
Sub-floor 垫层

T

Tack-less strip 卡条
Terrazzo 水磨石
Threshold 门槛
Tongue and groove 企口
Tread 踏步板
Troweling 压光

U

Underlayment 衬垫材料

V

Vapor barrier 抗潮物
Varnish 清漆

W

Warping 翘曲
Waterproof membrane 防水膜
Water spotting 水斑

附　表

常用英制单位与国际单位制计量单位换算表

<table>
<tr><th rowspan="2">量的名称</th><th colspan="2">英制</th><th colspan="2">国际单位制</th><th rowspan="2">英制－国际
单位制的换算</th></tr>
<tr><th>名称</th><th>符号</th><th>名称</th><th>符号</th></tr>
<tr><td>长度</td><td>英寸
英尺
码</td><td>in
ft
yd</td><td>米</td><td>m</td><td>1in ＝0. 0254m
1ft＝0. 3048m
1yd＝0. 9144m</td></tr>
<tr><td>面积</td><td>平方英寸
平方英尺
平方码</td><td>in^2
ft^2
yd^2</td><td>平方米</td><td>m^2</td><td>$1\ in^2=0.0006452m^2$
$1\ ft^2=0.0929m^2$
$1yd^2=0.835m^2$</td></tr>
<tr><td>体积</td><td>立方英寸
立方英尺</td><td>In^3
ft^3</td><td>立方米</td><td>m^3</td><td>$1in^3=0.00001638m^3$
$1ft^3=0.02832m^3$</td></tr>
<tr><td>质量</td><td>磅</td><td>lb</td><td>千克</td><td>kg</td><td>1lb＝0. 4536kg</td></tr>
<tr><td>温度</td><td>华氏度</td><td>℉</td><td>摄氏度</td><td>℃</td><td>℉ ＝9/5 ℃ ＋32</td></tr>
<tr><td>容积</td><td>加仑</td><td>gal</td><td>升</td><td>l</td><td>1gal＝3. 781</td></tr>
</table>

作 者 简 介

史蒂文·布考斯基，曾获室内装饰设计学位，现经营一家擅长家庭设计的室内设计公司，他自1985年以来一直投身于建筑设计行业。

致　谢

A & D Tile Mart
8320 S. Pulaski Road
Chicago, IL 60652
(773) 581-7580

Armstrong Worldwide Industries, Inc.
2500 Columbia Avenue
Lancaster, PA 17604
(800) 233-3823

Bestile, Inc.
15555 S. 71st Court
Orland Park, IL 60462
(708) 532-6006

CarpetMax
9930 W. 55th
Countryside, IL
(708) 352-8300

Chicago Antique Brick
2201 S. Halsted
Chicago, IL 60608
(312) 666-3257

Century Tile
20909 S. Cicero Avenue
Matteson, IL 60433
(708) 503-4700

Crain Tools
1155 Wrigley Way
Milpitas, CA 95035
(409) 946-6100

Edelman Leather
80 Pickett District Drive
New Milford, CT 06676
(860) 350-9600

Flooring Network
1366 Merchandise Mart
Chicago, IL 60654
(312) 321-1217

Hoboken Floors
70 Demarest Drive
Wayne, NJ 07470
(973) 694-2888

Hart to Hart Interiors, Inc.
P.O. Box 104
Flossmoor, IL 60422
(708) 214-1951

Illinois Brick
1300 W. Maple
Mokena, IL
(815) 485-2533

Mannington Wood Floors
1327 Lincoln Drive
High Point, NC 27260
(336) 884-5600

Midwest Padding
2500 Old Hadar Road
P.O. Box 2283
Norfolk, NE 68702
(402) 379 9737

Mintec Corp.
100 E. Pennsylvania Avenue
Towson, MD 21286
(888) 964 6832

Natural Cork
1710 North Leg Court
Augusta, GA 30909
706-733-6120

P.D. Hartz Construction Co., Inc.
8995 W. 95th Street
Palos Hills, IL 60465
708-233-3800

Pergo Flooring
P.O. Box 1775
Horsham, PA 19044
(800) 337-3746

Plyboo Flooring
375 Oster Point Boulevard #3
S. San Francisco, CA 94080
(650) 872-1184

Hanson Real Brick
3820 Serr Road
Corunna, MI 48817
(800) 447-7440

Universal Flooring
2009 Chenault Drive
Carrollton, TX 75006
(972) 387-9315

译后记

地板是指建筑物地面的表层，由木板、地毯、地砖、石材等地面材料铺设而成。

地板的铺设或安装是建筑物装饰装修中的重要组成部分，与人们的生活密切相关。随着生活水平的不断提高，人们对家居环境的要求越来越高，为了适应这种变化，各种各样适用于不同环境要求的地板逐渐从公共建筑的高档装修走进普通民居；人们购房后会根据自身需求进行房屋的内部装修。但由于普通百姓缺乏地板铺装的专业知识，会走入一些误区，白白增加装修的费用而未能得到适合自己的居住环境。为了增加人们对地板知识的了解，避免装修过程中得不偿失的投入，满足人们日益提高的需求和建筑装饰专业人员的需求，我们翻译了这本具有实用价值的工具书，希望能使人们在铺装地板时有据可查。

由于国外装饰装修开展的年限较长、水平较高，很多专用工具或材料、施工工法工艺等在国内并未真正使用，因此在参考本书时应注意相关地板的铺装应满足我国装饰装修行业的相关设计规范、施工及验收规范、质量检验评定标准、操作规程、标准图，以及工艺标准和通用图等，尊重我国装饰装修行业的习惯做法，避免出现按照本书施工后无法进行质量评定、无法验收的情况。

由于中英文表达方式或文法的不同，直译的结果可能会导致译文不符合中文的习惯，为了保证翻译后尽可能符合原作者的真实意思，并保证语言通顺和便于读者阅读，翻译过程中对原书的局部语句进行了适当调整和增减，或对部分段落采用意译，但并未改变地板的铺装工艺或顺序等主要内容。原书共 14 章，内容十分详尽，几乎涵盖了所有的地板铺装材料及其铺装工艺工法。考虑到国内的实际情况，原第 9 章介绍的皮革地板应用较少，推广或参考价值不大，故未予翻译。

绪论主要介绍了地板铺装的基本情况及选择地板应考虑的因

素。第1~8章详细介绍了各种类型地板的优缺点、产品类型、铺装位置的选择、施工前的准备工作、垫层的准备、详细的铺装施工过程及注意事项，并专门列出了一些施工过程或事项的小窍门。虽然专业人士阅读起来可能有一些烦琐，但这正体现了工具书的科普原则，既照顾到专业深度的要求，又使广大普通读者更容易了解和掌握。第9~10章介绍了清洁、维护及翻新的知识，适当而正确的清理和维护是保证地板正常使用的前提，并能在一定程度上延长其使用寿命，因此十分必要。第11~13章介绍了地板铺装过程中的安全、急救和铺设地板所需要的工具，使整个地板铺装十分完善，更体现了以人为本的理念，值得国内借鉴。

本书由常好诵、张美琦翻译，郭永重、邱元品校对。

本书在整个翻译过程中得到了惠云玲教授、译者家人及其他同志的大力支持和帮助，在此表示衷心的感谢！

虽从事建筑业，但并不专门从事建筑装饰装修工作，也缺乏比较精深的相关知识，书中难免有不妥和错误之处，敬请各位专家和广大读者批评指正！

译 者

2006年5月